KB053188

일본에서 일하며 산다는 것

일본에서
일하며
산다는 것

일본 아르바이트와 일본 취업
그리고 일본 직장인 라이프

세나북스

여행과 일상의 경계를 넘나드는
'일본에서 일하며 살기'

왜 일상은 여행처럼 신나고 재미있지 않을까? 일상이 여행
같을 수는 없을까? 일상탈출을 위해 떠나는 여행은 1년에 겨우
며칠 안 된다. 오직 그 날만을 기다리며 오늘도 회사에서 하기
싫은 일을 억지로 하고 상사의 잔소리도 꾹 참아본다. 최근에
재미를 붙인 일본 여행은 삶의 활력소지만 열심히 번 돈 여행하
는데 다 쓸 수도 없는 노릇이다. 따분하고 변화 없이 반복되는
하루하루를 벗어나 돈도 벌고 일도 하면서 일상 탈출을 만끽하
는 방법은 없을까?

이 책의 저자들은 일본에서 일하며 사는 이야기를 들려준
다. 워킹 홀리데이와 유학, 그리고 취업을 계기로 일본에 가서
여행 같은 일상을 보낸다. 단돈 100만 원을 들고 일본에 가서

아르바이트하며 생활비를 벌고 대학에 진학하고, 회사에 입사한다. 정말 하고 싶었던 일에 도전하고 취업에 성공하며 더 나은 적성을 찾아 이직하기도 한다. 그 실행력과 근성에 감탄사가 절로 나온다. 일본인 친구도 사귀고 일의 보람도 느낀다. 여가에는 일본의 사계절과 문화를 마음껏 즐긴다. 말 그대로 여행 같은 일상이 펼쳐지는 리얼 일본 라이프다. 일본을 알고 싶고 즐기고 싶은 사람들에게 너무 이상적인 생활이다.

물론 즐거운 일만 있을 수는 없다. 언어도 문화도 다른 타국에서 일한다는 것은 쉽지 않다. 일본 아르바이트와 회사 생활의 치열함은 현실에 안주해 열심히 살고 있지 않은 누군가를 뜨끔하게 만든다. 일하다가 눈물 쏙 빠지게 힘든 하루를 보내기도 하고 한국에 돌아가고 싶은 날도 있다. 외로움은 때때로 찾아오는 옵션이다. 하지만 이 모든 어려움을 감수할 수 있는 건 내가 선택한 길이기 때문이다. 일본에서의 힘들었던 날들은 미래의 멋진 나, 되고 싶은 나를 위한 밑거름이었음을 시간이 지나 깨닫는다.

생생하고 다양한 일본 취업 정보도 알려준다. 일본 기업이 원하는 인재상이 한국과는 사뭇 다르다는 알짜 정보는 일본 취업을 하려는 사람들에게 너무나도 유용하다. 일본은 아직 종신고용 문화가 남아있어서 스펙보다는 심층 면접을 통해 회사에 잘 맞고 가능성 있는 사람을 뽑아 성장시킨다는 사실은 신선하고 조금은 충격적이기도 하다. 스펙보다 그 사람의 성향이나 기질 같은 본래 가지고 있는 모습을 중요시한다니 얼마나 합리적이고 진일보한 구인 시스템인가! 일본 기업이 사람을 뽑는 단계에서 이미 상당한 경쟁력을 가지고 효율적인 구조라는 사실을 알 수 있다.

일본 취업에서는 내가 당장 가진 능력이 없어도 본인이 이회사에 얼마나 적합한지, 얼마나 성장할 수 있는지 잘 전달하면어느 회사든 입사할 가능성이 열려있다. 더군다나 현재 일본 기업들은 우수한 외국인 인재, 특히 한국 취업준비생들에게 많은기대와 관심이 있다. 일본 취업에 관심 있는 젊은이라면 지금이기회일지도 모른다.

일본 회사는 면접도 한국과 많이 다르다. 면접은 회사가 후보자의 적합성을 판단하는 자리이기도 하지만, 지원자 역시 면접 기회를 통해 하루 대부분을 보낼 일터의 분위기를 미리 파악할 수 있다. 면접이 단순히 회사에 들어가기 위한 통과의례에그치지 않는다. 면접에서 면접관들과 만나 이야기를 나누며 하고 싶은 일에 대해 확신을 할 수 있었고 꿈을 더 구체적으로 꿀수 있게 되었다는 저자의 이야기는 많은 생각을 하게 한다. 막연하게 관심 있다고 생각했던 직무들 속에서 진심 어린 면접관들의 조언 덕분에 본인에게 맞는 자리를 찾을 수 있었다고도 말한다. 면접 경험이 한 사람의 인생을 바꿀 정도로 큰 영향을 끼친 것이다.

일본인 취업준비생들이 취업을 준비하면서 가장 많은 노력을 쏟는 부분은 스펙이 아닌, 바로 '자기분석自己分析'이다. 자기분석이란, 자신에 관해 탐구함으로써 자신의 장단점, 내가 하고 싶은 일과 할 수 있는 일 등을 명확히 하는 것을 의미한다. 일본 면접관들도 자기분석이 잘되어 있는지 집요하게 질문한다고 한다. 일본기업이 인력을 고용하는 데 있어 한 단계 더 진화해 있다는 확신이 드는 부분이기도 하다.

저자들이 일본에서 경험한 아르바이트와 직업은 다양하다. 편의점 점원, 요식업 점원, 유니클로 점원, 레스토랑 보조, 엔터테인먼트 회사 직원, 콜센터 직원, IT 회사 사무직 아르바이트, 공부방 운영, IT 회사 프로그래머, 광고회사 직원, 물류회사 직원, 일본 스타트업의 번역 프로젝트 매니저, 일본어 선생님, 한국어 선생님, 일본 화학 회사 영업, 한국어 강사, 행정서사, 한국계 대기업 사원 등이다. 다양한 경험만큼 다채롭고 신선한 일본에서 일하며 살아가기 이야기를 전해준다.

정보성 내용도 풍부하지만, 무엇보다 인상적인 건 일본에서 일하며 살아본, 살고 있는 저자들의 감동적인 이야기다. 이들에게 일은 정체성을 대변하는 인생 그 자체다. 도전이고 고귀한 가치다. 무대가 일본이기에 그 노력과 성과는 더 빛나 보인다.

"지나와서 생각해보면 그런 상황에서도 힘낼 수 있었던 이유는 하루하루 느는 일본어 실력이 뿌듯했고, 일본에서 하려고 했던 이상적인 생활에 조금씩 가까워지는 내 모습 때문이다. 하루하루 조금씩 더 멋진 사람이 되어가는 듯한 기분에 힘은 들었지만 잘 견뎌 낼 수 있었다."

"일본에서 일하며 사는 것도 한국에서와같이 마냥 달콤하지만은 않다. 어쩌면 상상하는 것과 전혀 다를 수도 있다. 그러나 준비만 철저히 한다면 인생에서 충분히 투자해볼 가치 있는 도전인 것만은 분명하다."

"일본에서의 시간은 내 인생에서 귀한 선물과도 같다. 그곳에서 때로는 행복한 성취감을, 때로는 좌절의 고통을 맛보며 한 뼘 더 성장할 수 있었다. 돌이켜 보면 매 순간이 큰 배움이었고, 그 시절이 있어 지금의 내가 있다."

저자들에게 '일본에서 일하며 산다는 것'은 '열정'과 이음동의어다. 이 책은 일본 취업을 준비하는 사람에게는 희망과 용기를, 일본에 대해 더 알고 싶어 하는 사람에게는 신선한 재미와 감동을 줄 것이다. 조금은 나태해지고 지루해지려는 일상에 작은 자극이 필요한 사람에게도 강력추천이다.

일본에서 일하며 산다는 것은 일본을 가장 잘 여행하는 방법이 아닐까? 이 여행은 일시적인 만족을 주고 돈을 쓰기만 하는 여행이 아니라 "돈도 벌고 경력도 쌓고 일본 문화와 일상을 마음껏 즐기는" 가성비 끝판왕 '인생 여행'이다.

누군가의 평범한 일상이 또 다른 누군가에게 라무네 같은 향긋하고 짜릿한 청량음료가 될 수 있음은 그 배경이 일본이기 때문일까? 이 책을 읽어보면 그 답을 찾을 수 있을 것이다.

편집자 최수진

Part 3 일본 직장인을 알고 싶다
: 생생(生生) 일본 직장인 라이프

Part 1

일본 아르바이트, 어디까지 해봤니?

: 미지(未知)의 일본 아르바이트

도쿄, 편의점 라이프

김성헌

연말연시를 앞두고 일복이 터졌다. 금요일 고정으로 야간 아르바이트를 하던 후모토 상이 갑자기 행방불명이 되어 그의 빈자리를 내가 대신하게 된 것이다. '센과 치히로'도 아니고 후모토 상이 행방불명이다! 다른 아르바이트생이 몇 번이고 전화를 걸어도 받지 않고, 집으로 찾아가 봐도 매번 문이 굳게 잠겨 있었다. 결국 경찰에 신고까지 했다고 한다.

연락이 끊어지고 1주일 이상이 지났다. 나를 비롯한 편의점 사람들은 그에게 무슨 일이 생긴 것은 아닌지, 혹시 죽은(!) 것은 아닌지 진지하게 걱정하기 시작했다.

그로부터 얼마 지나지 않아 사건의 진상이 밝혀졌다. 후모토 상은 과중한 업무부담을 견디지 못하고 연락을 끊은 채 잠적

해 버린 것이었다! 우리 편의점 말고 다른 편의점에서도 일했는데, 꽤 오랜 기간 쉬는 날도 없이 무리하게 일을 해왔다고 한다.

싫어도 싫은 내색을 못 하는 성격 탓에 스트레스를 계속 받다가 결국엔 이런 사달이 났다. 항상 웃는 얼굴로 사람들을 대하고 농담도 잘 하는 밝은 모습만 봐 왔기에, 후모토 상이 이런 최악의 방법으로 일을 그만두게 될 줄은 상상도 하지 못했다.

이로써 우리 편의점에서 야간 시간대에 고정으로 일하는 사람은 나를 포함 야마구치 상과 마쓰다 상 이렇게 셋만 남게 되었다. 그런데 이 둘의 관계 또한 심상치가 않다.

세 명이 함께 일할 기회가 있었는데, 둘이서 같이 일하면서 단 한 마디도 말을 섞지 않았다. 야마구치 상 말에 따르면 마쓰다 상이 일을 너무 하지 않는다는 것이었다. 마쓰다 상과 함께 일을 하면 힘들 거라고 나에게 충고까지 해주었다. 내가 알기로 일주일에 3번은 야마구치 상과 마쓰다 상 단둘이서 일을 하는데, 그렇게 좋지 않은 관계로 4년이라는 시간을 어떻게 함께 보냈는지 놀라웠다.

편의점 일을 하며 일본 사람들과 개인적으로 밥도 먹고 술자리도 가지면서 자연스레 친해졌다. 국적을 떠나 친구가 될 수 있다는 생각이 들려고 할 때쯤, 후모토 상 행방불명 사건이 일어났고 야마구치 상과 마쓰다 상의 불편한 관계도 알아버렸다.

흔히들 일본인은 그 속을 알 수 없다고 말한다. 일본에서 생활한 지 9개월, 아직도 일본을, 일본 사람을 잘 알기에는 부족함이 많았다.

1년에 한 번 대청소가 있는 날, 업체에서 방문, 편의점 매장을 그야말로 대대적으로 청소해주었다. 청소하는 4시간 동안은 가게 문도 닫기에 할 수 있는 일이 없었다. 휴게실에 들어가 야마구치 상과 이야기를 나누었다. 서로 좋아하는 일본 작가 이야기를 시작으로 가지가 뻗어 나가듯 끊임없이 대화가 이어졌다.

일이 끝나고 나서도 대화의 여운이 남아서 야마구치 상과 근처에 있는 신주쿠 교엔新宿御苑 신주쿠에 있는 공원을 산책했다. 12월의 신주쿠 교엔은 아직 단풍이 남아있었다. 이른 아침, 인적 드문 공원을 걸으며 도쿄의 가을을 만끽했다. 문득 1년 전이 떠올랐다. 나는 한국에 있었고 도쿄로 떠날 생각으로 한창 꿈에 부풀어 있었다.

일본행을 마음먹은 건 2012년 가을, 당시 작은 규모의 IT 중소기업에서 일했다. 야근은 끝 모르게 계속되고 장래는 불안했다. 하루하루 그저 버티는 날들의 연속이었다. 일에 쫓겨 나만의 시간 가지기는 상상조차 할 수 없었다. 돌파구가 필요했다. 고민 끝에 예전부터 동경하던 도쿄로 떠나기로 마음먹었다. 도쿄에서 여행이 아닌 일상을 보내고 싶었다. 결심하니 일은 금방 진행되었다. 워킹 홀리데이를 신청해 이듬해 봄 도쿄로 떠났다.

　도쿄 첫날, 집 계약을 마치고 부동산을 나섰다. 주위는 어느새 어두워지고 있었다. 동네 구경도 할 겸 집 근처를 걸어보기로 했다. 골목골목을 돌아다녔다.

　책을 읽으며, 영화를 보며, 블로그를 기웃거리며, 어렴풋이 상상만 했던 모습이 생생한 현실이 되어 내 앞에 펼쳐졌다. 오래전부터 간직했던 꿈이 이루어졌다는 생각에 가슴이 벅차올랐다. 행복한 이 기분, 이 소중한 느낌을 잘 간직하고 싶었다.

　내 인생에 있어 다시는 오지 않을 지금 이 순간을.

카망베르 치즈 같은 일본 생활

　설레고 좋았던 감정도 현실의 벽 앞에서는 그리 오래가지 못했다. 일을 구해야 했다. 두세 달 정도 생활할 돈은 있었지만 언제까지 놀고 있을 수만은 없었다. 가지고 온 돈은 금세 바닥날 터였다.

집 근처인 오지王子역 주변을 돌아다니며 가게 앞에 붙어 있는 아르바이트 모집 공고를 확인했다. 마음에 드는 아르바이트 자리가 있으면 전화를 걸었다. 분명히 모집 공고를 보고 전화했는데도 아르바이트를 구하지 않는다는 대답을 듣기 일쑤였다. 대놓고 외국인 아르바이트는 쓰지 않는다는 말을 듣기도 했다. 나의 미숙한 일본어 발음을 듣고 단번에 거절한 것일 테지. 그래도 포기할 수는 없었다. 점점 아르바이트 구하는 곳의 범위를 넓혀나갔다.

전철로 한 두 정거장 떨어진 동네의 아르바이트 자리도 알아봤다. 몇 군데 면접을 보기도 했지만, 합격 연락은 오지 않았다. 집에 돌아와서는 '타운 워크'라는 어플로 일자리를 알아보았다. 신주쿠에 있는 '외국인 고용 지원·지도 센터'에 가서 회원 등록도 했다. 그곳에서 직원이 나에게 맞는 일자리를 여러 개 추천해 주었다. 희망하는 곳이 있으면 직원이 직접 가게에 전화해 면접 약속까지 잡아주고 소개장도 뽑아 줘서 그걸 들고 면접을 보러 갔다. 하지만 모두 합격까지 이어지지는 않았다.

하루는 나카우なか卯라는 음식점에 면접을 보러 갔다. 식당 안의 분위기는 드라이아이스 연기가 짙게 내려앉은 것처럼 무거웠다. 일본어가 잘 나오지 않아 말도 더듬고 잘 알아듣지 못해 다시 물어보기를 여러 번 했는데 마음만은 차분히 가라앉아

있었다. 이 가게와 내가 인연이 없음을 동물적 감각으로 알아차렸다. 점장은 무표정한 얼굴로 형식적인 질문만 계속해서 이어나갔다. 면접이 끝나고 가게를 나왔다. 바람도 쐴 겸 거리를 걸었다.

걷다 보니 조그만 공터가 있어서 자리를 잡고 앉았다. 담배 피우는 사람, 누군가를 기다리는 듯한 사람, 책을 읽고 있는 사람, 즐겁게 수다를 떨고 있는 사람…. 일본 사람들과 같은 공간, 같은 시간을 함께 공유하고 있다는 사실이 갑자기 비현실적으로, 신기하게만 느껴졌다.

도쿄에서 일을 찾아 헤맨 지도 벌써 한 달이 다 되어가고 있었다. 2주가 되고 3주가 지나 한 달이 다 되어 가는 데도 일은 구해지지 않았다. 초조해지기 시작했다. 집으로 돌아오는 길, 근처 마트에서 캔 맥주와 카망베르 치즈를 샀다. 처음 먹어보는 카망베르 치즈. 내 입맛에 너무 맞지 않아 쓰레기통에 버리고 말았다. 카망베르 치즈를 인터넷에서 검색해보니, 처음에는 입맛에 맞지 않더라도 자주 접하다 보면 익숙해져서 맛있게 먹을 수 있다고 한다. 그날, 아르바이트를 구하려고 전화 한 가게로부터 모두 거절을 당하고 면접도 망쳤다.

일본 생활을 한 입 베어 물었는데, 그 쓴맛에 당황하고 말았다. 이리 부딪히고 저리 부딪히면서 일본이라는 나라를, 일본에

사는 사람들을 알아가고 있었다. 일본 생활을 계속하다 보면 마치 새로운 치즈에 입맛이 길들듯 이곳에 잘 적응하고 지내는 나를 발견할 수 있겠지….

누구에게나 꿈은 있다

도쿄에 발을 디딘 지 한 달하고도 보름, 드디어 신주쿠로 출근하게 되었다. '동유모'(동경 유학생 모임)라는 인터넷 카페에 올라온 글을 보고 신주쿠에 있는 호텔 아르바이트에 지원해 일을 시작하게 된 것이다. 호텔이라고 해서 프런트에서 손님을 맞이하며 일본어를 사용할 수 있는 일이 아니라, 몸을 쓰는 호텔 청소 아르바이트였다. 편의점이나 북오프, 무인양품같이 일본인과 접할 수 있는 직장에서 일하겠다는 고집은, 이대로 굶어 죽을 수 없다는 현실 앞에서 무릎을 꿇고 말았다.

직원은 모두 일본인이었지만 나와 같이 일하는 아르바이트생은 모두 한국인이었다. 일본말을 사용하는 건 출근할 때의 오하요고자이마스(おはようございます)와 퇴근할 때 오츠카레사마데시타(お疲れ様でした) 단 두 마디뿐이었다.

보통 호텔에서 처음 일하게 되면 욕실 청소를 담당한다. 혼자서 하루 8개 정도 객실의 욕실 청소를 한다. 평일에는 아침 8

시까지 출근을 해서 오후 1시까지 다섯 시간을 일하고 토요일은 아홉 시간을 일했다. 쉬는 날은 일요일 하루뿐이었다. 기본적으로 혼자 청소하지만 둘이서 함께 청소할 때도 있었다. 그럴 때면 동료와 이런저런 이야기를 나누곤 했다.

오전에는 일본어 학교, 오후에는 호텔 청소 아르바이트를 하며 저녁에는 다시 식당 배달 아르바이트를 해서 하루 3시간 밖에 자지 못하는 사람도 있었다. 워킹 홀리데이 1년을 마치고 유학비자로 전환해서 일본어 학교에 다니며 이곳에서 일하는 사람도 있었다. 패션이 좋아 일본에 왔고, 1년 동안 일본의 패션과 문화를 접한 후 다시 프랑스로 워킹 홀리데이를 떠나려고 계획 중인 사람도 있었다. 다들 놀라울 만큼 치열하게, 열심히 살아가고 있었다.

출근해서 일하고 점심 즈음 퇴근, 집에 돌아와 일본어 공부를 하는 생활이 한동안 이어졌다. 그러던 어느 날, 흥미로운 두 명의 아르바이트생이 들어왔다. 한 명은 무려 게이오 대학원에 다녔는데 척 봐도 공부만 할 것 같은 모범생 스타일이었다. 도대체 게이오 대학원 다니는 사람이 왜 힘들고 일본어 쓸 일도 없는 이곳에 와서 일하는지 도통 알 수가 없었다. 이 친구와 함께 일할 기회가 있어 이런저런 이야기를 듣게 되었다.

한국의 지방 국립대학교를 졸업하고 게이오 대학원에 진학한 그는, 입학 성적이 좋아 1년 전액 장학금을 받는다고 했다. 호텔 아르바이트 말고도 한국어 강사 아르바이트를 하고 있는데, 시급이 2천 엔이나 하는 고수입 일자리였다. 집이 멀어서 출근 시간을 맞추기 위해 5시 반에 일어난다고 했다. 조용한 성격상 일본 가게에서 손님들에게 치이며 일하기보다 묵묵히 몸을 쓰며 일하는 편이 낫다고 판단한 모양이었다.

대학원 진학에 관한 이야기도 들을 수 있었는데, 교수에게 직접 이메일을 보내 연구생 신청을 해서 대학원에 진학했다고 한다. 1년 정도 연구생으로 들어가서 교수 눈에 띄면 대학원생으로 입학할 수 있다고 귀띔해 주었다. 자신은 일본 대기업에 취업해서 도쿄에서 살기로 마음먹었다고 했다. 한국어 강사일, 대학원 입학도 그리 어렵지 않다고 말했지만, 나에게는 모든 게 꿈같은 이야기로만 들렸다.

또 다른 한 명은 함께 일하는 내내 지난 일본 생활의 모험담을 쉬지 않고 들려주었다. 일본에 온 지 몇 달 되지 않았는데도 많은 일을 경험했고, 신오쿠보에 한국인 유학생이라면 무료로 이용할 수 있는 카페가 있다는 사실 등 일본 생활에 대한 잡다한 팁도 많이 알고 있었다. 지금은 자신보다 무려 8살이나 어린 일본인 여자와 만나고 있다고도 했다. 호텔 청소 아르바이트

외에도 외모와 키가 출중하지 않으면 안 된다는 신오쿠보의 카페에서도 일하고 있었다. 일본 대학교에 진학한다는 목표가 뚜렷해서 모든 생활의 주된 축은 공부라고 했다. 출근 1시간 전에 와서 호텔 휴게실에 앉아 EJU 공부를 하는 모습을 자주 보곤 했다. 이듬해 4월 일본 국립대학교 진학이 목표였고, 국립대학 중 비교적 커트라인이 낮은 오키나와 국립대학을 가고 싶다고 했다.

이 두 신입도 대단하지만 함께 일하는 다른 동료들도 모두 열심히 살고 있었다. 대부분은 일본어 학교에 다니며 학비와 생활비를 모두 자신의 힘으로 벌면서 꿈을 향해 꾸준히 앞으로 나아가고 있었다.

편의점 인간

호텔 청소 아르바이트를 하면서 틈틈이 다른 아르바이트를 알아봤다. 한국에서 흔히 '투잡'이라고 말하는 '카케모치掛け持ち'를 하기 위해서였다. 호텔 아르바이트는 오전에만 하니 오후 시간을 활용할 수 있었다. 일을 마치고 신주쿠를 돌아다니며 가게 앞에 붙은 모집 공고를 유심히 살펴보고 전화를 걸었다. 신주쿠는 외국인 아르바이트생에 대한 편견이 없는지 꽤 많은 곳

으로부터 면접 연락을 받을 수 있었다. 그러다가 한 편의점에서 연락이 와 면접을 보러 갔다.

30대 초반으로 보이는 건장한 체구의 점장이 나를 맞아주었다. 면접은 시종일관 화기애애한 분위기로 진행되었다. 일본에는 왜 왔나? 일본이 왜 좋은가? 한국이나 중국 사람은 일본에 대해서 나쁘게 생각하지 않는가? 일본어능력시험(JLPT) 2급을 가지고 있는 데 어느 정도 레벨인지 설명해 달라 같은, 이전 면접에서는 느낄 수 없었던 구체적인 질문들에 진땀을 빼야 했다. 점장은 나의 완벽하지 않은 일본어 설명에도 불구하고 관심을 가지고 끝까지 귀 기울여주었다.

그중 점장의 관심을 가장 크게 끈 것은 군대 이야기였다. 일본에 없는 문화에 상당한 흥미가 있는 듯했다. '군대를 다녀왔으니 체력에는 문제없겠네요!'라고 말하며 기대에 찬 얼굴로 나를 바라보았다. 시원하고 털털한 성격을 지닌 점장과의 면접은 무사히 끝났고, 다음 날 바로 연락이 왔다. 이번 주부터 함께 일하자는 소식이었다.

주 3일, 저녁 5시부터 10시까지가 업무시간이었다. 이것이 나에게 주어진 시프트였다. 시프트란 요일과 시간을 고정하지 않고 자신이 일하고 싶은 날과 시간을 신청해서 일하는 시스템이다. 보통 1주~1달 전에 미리 스케줄을 정하는데 일본은 많은

가게가 시프트 제를 이용한다.

첫날은 정직원인 오자키 상에게 오리엔테이션 교육을 받았다. 오리엔테이션이라고 해도 편의점 업무에 대한 조그만 매뉴얼 책자를 오자키 상이 나에게 읽어주는 게 전부였다. 오자키 상은 매뉴얼의 첫 장부터 마지막 장까지 정말 한 글자도 빼놓지 않고 빠짐없이 읽어주었다. 1시간가량의 오리엔테이션을 마치고 레지 업무계산대에서 접객하는 업무를 하나 싶었더니, 그 후로 줄곧 청소를 시켰다. 바닥 청소부터 시작해서 화장실 청소, 진열장 청소까지 매장 내 청소를 하루 만에 통달한 느낌이었다.

베테랑 아르바이트생 키쿠치 상에게도 일을 배웠는데, 처음부터 무턱대고 담배 정리를 시키지 않나 이런저런 허드렛일을 시켜서 첫인상은 그리 좋지 않았다. 하지만 워크인쿨러안으로 걸어 들어갈 수 있는 대형냉장고안에서 함께 음료를 채우며 이야기를 나눠보니 좋은 사람이라는 걸 금세 알 수 있었다. 나중에는 친해져서 일 끝나고 한잔하러 같이 가는 좋은 친구 사이가 되었다.

둘째 날은 '사테라이토 점'에서 오자키 상에게 1대 1로 레지 교육을 받았다. 사테라이토가 뭔가 했더니 영어로 'satellite', 즉 '위성'이라는 뜻이었다. 공식적인 지점명은 같지만, 우리 편의점과 따로 떨어진 곳에 있는 조그만 분점 같은 곳이었다. 사테라이토 점은 일명 '요시모토 점'이라고도 불렸는데, 편의점이

요시모토라는 일본에서 가장 유명한 코미디언 연예 기획사 건물 안에 있었기 때문이다. 출입증 없이는 입장할 수 없는 곳이라 그곳에 갈 때는 항상 출입증을 지참해야만 했다. 매장도 정말 작아서 한국에서도 그렇게 작은 매장은 본 적이 없다. 손님도 많이 오지 않는 매장이라 트레이닝을 받기에 최적이었다.

셋째 날은 드디어 실전 접객 업무에 돌입했다. 단순히 바코드를 찍고 돈을 받아 거스름돈을 돌려주는 업무가 실제로 해보니 그렇게 버거울 줄이야! 일본에서는 돈을 받을 때와 거스름돈을 돌려줄 때 금액을 정확하게 손님에게 말해 주어야 하는데, 생각만큼 잘 안 되었다. 실수도 많이 했다. 트레이닝 중이라는 이름표를 달고 있던 덕분일까, 그런 나의 모습을 보고 응원해주는 손님들이 많아 그나마 위안이 되었다.

2주 정도 지나자 어느 정도 업무에 적응이 되어 혼자서 일할 수 있게 되었다. 편의점 업무는 크게 레지, 상품 진열, 청소 이렇게 세 가지로 나눌 수 있다. 한국의 편의점과 크게 다를 바 없지만, 시급이 높은 만큼 일의 강도 또한 높다. 기본적으로 레지 업무를 하고, 시간대별로 해야 할 업무가 잘 정리된 매뉴얼이 있어서 그 타임 스케줄에 맞추어 아르바이트생들이 돌아가면서 업무를 본다.

바닥 청소를 하고 냉장고 온도를 확인하고 상품을 진열한

다. 일본 편의점에서는 할 일이 없다고 가만히 있을 수 없다. 정해진 휴식 시간이 아니라면 무슨 일이든 찾아 나서야만 한다. 아게모노揚げ物 튀김를 만들어 놓는다든지, 레지부꾸로レジ袋 비닐봉지를 새로 채워 넣는다든지, 부족한 담배를 채워 넣는다든지, 마에다시前出し 상품을 진열대 앞으로 정돈하는 것, 가오다시顔出し 상품의 이름이 보이도록 하는 것를 하며 상품 진열에 신경을 쓴다든지 하는 식이다.

일본 하면 서비스가 좋기로 유명한데 손님으로서는 좋지만 반대로 일하는 처지에서는 그만큼 더 신경 써야 한다는 의미가 된다. 조금만 불친절하면 손님으로부터 한 소리 듣기 일쑤이고 때에 따라서는 화를 내는 손님도 있다. 접객 일을 하다 보면 실로 다양한 인간 군상을 접하게 된다.

우리 매장에는 '자이언츠 바바'라 불리는 할머니가 종종 오곤 했다. 일본 롯데 자이언츠 야구팀의 열성 팬으로 우리 편의점에 와서 관전 티켓을 사는 단골손님이었다. 150cm가 될까 말까 한 자그마한 키에 말괄량이 삐삐를 연상시키는 머리 스타일을 하고, 항상 주황색 자이언츠 유니폼을 입고 등장한다. 1시간 정도 머물며 편의점 이곳저곳을 기웃거리고 지나가는 손님들에게 야한 농담을 던지기도 했으며 아르바이트생들에게 쓸데없이 말을 걸기도 했다. 계산할 때는 거스름돈으로 꼭 특정 연도의 동전을 요구한다. 1978년도의 1엔, 1984년도의 5엔 이런 식이다. 그런 어처구니없는 주문에도 불구하고 우리 점장과 아르바이트생들은 필사적으로 동전을 찾아서 건네준다.

신주쿠 한복판에 편의점이 있다 보니 관광객 손님도 꽤 많았다. 한국 단체 관광객 손님이 찾아오면 반가운 마음에 대화도 나누고, 모르는 게 있으면 설명해주기도 했다. 우리 편의점 앞에는 관광버스인 하토 버스가 정차하곤 했는데 버스에서 내린 중국 단체 관광객들이 밀물처럼 들어왔다가 썰물처럼 빠져나가곤 했다. 스무 명가량의 사람들이 한꺼번에 들어와서 바구니 가득 물건을 담는다. 중국 관광객들이 지나가고 나면 정말 혼이 나갈 정도로 정신이 없었다.

이런저런 일로 실수도 하고 힘든 일도 많았지만, 어느덧 두 달이라는 시간이 흘러 편의점 일에도 많이 적응되었다. 그런데 좀 편해지나 하던 때 예상치 못한 위기가 찾아왔다.

근무시간을 착각해서 4시간이나 지각하는 일이 생긴 것이다. 항상 고정으로 들어가 있던 시프트가 어느 날 변동이 있었고, 그것을 미처 확인하지 못했다. 점장은 조용히 부르더니 테스트가 있을 것이고 통과하지 못하면 일을 그만두어야 한다고 말했다. 그 테스트라는 것이 원래는 트레이닝 딱지를 떼기 위한 목적으로 존재하는데, 나에게는 편의점 아르바이트의 생사를 결정하는 중요한 테스트가 되어버렸다. 자르겠다는 말을 일본인 특유의 돌려 말하기로 표현한 것인지도 모른다. 호텔 청소 아르바이트도 그만둔다고 말해놓았는데 그런 일이 생기고 말았다. 당시 나의 일본어 실력으로는 그 테스트에 합격할 수 없다는 것을 나도 알고 점장 또한 잘 알고 있었다. 그렇게 나의 도쿄 생활 최대 위기는 갑자기 찾아왔다.

새로운 바람

불과 며칠 전까지만 해도 점장으로부터 테스트 이야기를 들어 뒤숭숭한 나날을 보내고 있었다. 분명 9월 말경에 테스트한다고 했는데, 9월의 마지막 날이 되어도 점장은 그 일에 대한 아무런 말이 없었다. 대신, 시프트를 밤 10시부터 다음 날 아침 8시까지의 야간 시간대로 옮겨 볼 생각이 없느냐는 이야기를 했다. 호텔 청소 아르바이트를 그만뒀다고 점장에게 말했는데 시간 여유가 비교적 많은 나를 야간 시프트로 집어넣을 생각인 모양이었다. 편의점 입장에서도 일손이 부족해 곤란해하고 있던 참이었다.

원래는 저녁 5시부터 밤 10시까지의 시간대에 편의점 일을 하면서 낮에는 서점이나 음식점 같은 곳에서 다른 아르바이트를 한 생각이었다. 하지만 세상일이란 내 마음처럼 되지 않는 법, 편의점 일이 당시 내 생계를 책임져주는 유일한 끈이라, 놓고 싶어도 놓을 수가 없었다. 야간 일을 하겠다고 점장에게 말했다. 그렇게 편의점 아르바이트의 생사를 가르는 테스트 건은 어디론가 조용히 사라져 버리고, 같은 공간, 새로운 환경에서의 예전과 조금은 다른 아르바이트 생활이 시작되었다.

도쿄의 잠 못 드는 밤

편의점에서 일한 지도 석 달 가까이 되었지만, 동료 중에서 얼굴을 알지 못하는 사람이 몇 명 있었다. 시프트가 맞지 않아 만날 기회가 없어서이기도 했지만, 함께 일을 하면서도 얼굴을 알 수 없는 사람도 있었다. 항상 마스크를 착용하고 있었기 때문이다. 일본에서는 일하면서 마스크를 착용하는 사람들을 심심치 않게 볼 수 있다. 마치 안경처럼, 액세서리처럼 마스크를 쓰는 사람들. 야마구치 상도 그런 사람 중 한 명이었다.

교대 시간에 항상 마주쳤지만, 야간 일을 함께하기 전까지는 마스크 속 가려진 얼굴을 알 수 없었다. 야간 일을 하면서 처음으로 얼굴을 볼 수 있었는데, 40대에 걸맞지 않은 외모에 놀랐다. 흔히 말하는 꽃중년이었다. 헬스클럽을 다니며 관리를 해서 몸도 좋았다. 성격까지 자상해서 함께 일하는 내내 친절하게 일을 가르쳐주었다. 하지만 그것이 오히려 나에게는 일을 더 잘해야 한다는 부담으로 다가오기도 했다.

야간에 하는 주된 업무는 상품 정리와 청소였다. 야간이라 손님은 많지 않지만, 손님 대신 상품이 한가득 들어왔다. 물건에 이상이 없는지 확인하고, 매장에 진열할 수 있는 물건들은 모두 진열, 남은 물건들은 가지런히 정리하여 창고로 옮긴다. 그러면서 간간이 찾아오는 손님을 맞이해야 한다.

잔디 깎는 기계처럼 생긴 바닥 청소기로 매장 내 바닥에 광을 내야 하고 튀김 진열대, 찐빵기, 오뎅 냄비 등도 깨끗하게 닦아놓아야 한다. 튀김기의 기름은 매일 한 번씩 갈았다. 기름기가 많아서 닦는 데 애를 먹을 때가 많았다. 밤에는 도시락, 스파게티, 샌드위치 등의 음식을 폐기하는데, 그 양이 어마어마했다. 네다섯 상자나 되는 양이었다. 매번 폐기 음식을 버리면서 아깝다는 생각이 들었다.

야간 일을 하면 1시간의 휴식 시간이 주어졌다. 물론 일을 하지 않는 시간으로 간주하여 그 시간은 제하고 급료를 받는다. 야간 업무의 좋은 점 중 하나는 500엔 한도 내에서 편의점에 있는 음식을 마음껏 먹을 수 있다는 것이었다. 평소 상품을 진열하면서 먹고 싶었던 음식을 점찍어 두었다가 휴식시간에 휴게실에 가서 먹고는 했다.

도쿄에 물들다

야간 일을 하면서 이런저런 이벤트가 있었기에 심심할 겨를이 없었다. 그만큼 바빴다는 이야기도 된다. 내가 일하는 편의점 건물 위층에 바Bar가 있었는데 다양한 파티가 열리곤 했다. 그곳 손님들이 우리 편의점을 자주 이용했다. 핼러윈 시즌에는 분장 한 사람들이 편의점을 가득 채웠다. 옷 여기저기 빨간 피가 묻은 간호복 복장으로 담배를 주문하는 여성도 있었고, 사람의 잘린 팔뚝처럼 생긴 지갑을 갈라 돈을 꺼내는 좀비 분장을 한 사람도 있었다.

편의점 바로 옆에는 신주쿠에서 가장 유명한 신사인 하나조노신사花園神社가 있어서 매년 11월이 되면 토리노이치酉の市라는 마쓰리가 열렸다. 마쓰리 날은 우리 편의점이 1년 중 가장 바쁜 날 중 하나다. 한 명이 워크인쿨러안에 들어가 끊임없이 음료수를 채워야 한다는(편의점 냉장고는 뒤로 사람이 걸어 들어갈 수 있는 공간이 있다) 무시무시한 소문도 있었다. 드디어 마쓰리 당일. 파견사원이 두 명이나 지원되었지만, 정신을 차릴 수 없

을 정도로 바빴다. 그 날 가장 인기 있었던 상품은 바로 화장실이었다. 화장실 줄이 출입문까지 이어지는 진풍경이 연출되기도 했다.

1월 1일에는 새해를 맞이해 하나조노신사로 하츠모우데初詣
새해 참배 가는 사람들이 많아서 또 바쁜 하루를 보냈다.

일이 끝나면 야마구치 상과 상쾌한 아침 공기를 마시며 24시간 영업하는 이자카야로 향했다. 일 끝나고 이자카야에서 마시는 나마비루生ビル 생맥주는 어느새 일본 생활에서 빼놓을 수 없는 큰 즐거움 중 하나가 되었다. 시프트가 비는 날이면 도쿄의 이곳저곳을 산책했다. 도쿄의 동네를 하나하나 알아가면서 그곳에 내 일상의 단편을 조금씩 남겨 두었다.

편의점에서의 마지막 한 달은 시프트가 또 한 번 바뀌어서 아침 8시부터 저녁 5시까지 일했다. 이로써 편의점의 모든 시간대에서 일해 봤는데, 낮 시간대의 일이 가장 힘들었다. 주로 레지 앞에서 접객하는 일이었는데 온종일 쉬지 않고 미소 지으며 말을 하니 퇴근을 할 무렵에는 상당히 지친 상태로 집에 돌아갈 수밖에 없었다. 편의점에서 공과금을 내고 택배 보내는 사람들이 왜 그리도 많은지…. 하루 중 가장 바쁠 때는 점심시간대로, 편의점 주변 회사 사람들이 점심을 사기 위해서 우리 편의점에 찾아왔다.

손님이 도시락, 수프, 파스타 같은 전자레인지를 사용해야 하는 상품을 한두 개씩 레지로 들고 온다. 편의점 직원 한 명은 고스톱을 할 때 광 팔듯이 레지 뒤에서 대기하고 있다가 도시락을 받아 따끈따끈하게 전자레인지에 돌려 손님에게 건네주는 역할을 전담해야만 했다. 점심시간이 지나고 나면 정신이 하나도 없고 혼이 쏙 빠져나가 버리는 느낌이었다.

도쿄, 일상의 끝

어느덧 1년이라는 시간이 흘러 한국으로 돌아가는 날이 다가왔다. 편의점 일을 그만두며 친하게 지냈던 편의점 사람들과 조촐하게 술자리를 가졌다. 일을 그만두고 며칠간은 도쿄에서 해보고 싶었던 일들을 마음껏 했다. 무라카미 하루키의 소설 《상실의 시대》 속 주인공인 와타나베와 나오코가 걸었던 거리에 가보기도 하고, 와타나베와 미도리의 단골 재즈 바 'DUG'에서 그들이 마셨던 보드카 토닉을 마셔보기도 했다.

《상실의 시대》의 주 무대이면서 하루키의 모교이기도 한 와세다 대학, 소설 속에서 자세하게 묘사되었던 와케이 기숙사도 갔다. 4월, 거리는 온통 분홍빛으로 물들어 있었다. 흩날리는 벚꽃 잎을 바라보며 아쉬운 마음을 달랬다. 한동안 가슴이 아련

해지는 나날을 보냈다. 다시는 일본에 돌아와 살 수 없으리라
생각했기에 더더욱 아쉬웠다.

에필로그

4년이 지난 지금, 나는 여전히 도쿄에서 IT 일을 하며 살고
있다. 그리고 가끔 워킹 홀리데이로 지냈던 그 시절을 떠올리며
추억에 잠긴다. 우연히 그때 일했던 편의점 앞을 지나가거나 추
억의 거리를 다시 걸으면, 잊고 있던 옛 기억이 떠오른다. 그때
느꼈던 가슴 벅차고 아련한 감정만큼은 다시 재현되지 않고, 지
나가 버린 시간을 그저 어림짐작하며 추억할 수밖에 없다.

도쿄라는 같은 공간, 다시는 돌아갈 수 없는 그 순간들, 돌
아갈 수 없기에 더 아름답게 기억되는 그 시간을 떠올리며, 나
는 오늘도 도쿄에서의 새로운 추억을 써 내려가고 있다.

20대를 위한 슬기로운 일본 생활

차주영

공부가 너무 싫었던 중학교 시절, 자연스레 실업계 고등학교에 진학했지만, 미래를 생각하니 막막했다. 고1 때 친구를 따라 무작정 일본어 학원에 다니기 시작했다. 한자가 재미있었고 한글과 다르게 생긴 히라가나가 좋았다. 그렇게 우연을 가장한 필연으로 일본어가 내 삶에 들어왔다.

학교 수업이 끝나면 일본어 학원으로 직행했다. 보통 밤 10시까지 공부했다. 방학이면 새벽 6시 타임반 수업 시작 시간부터 밤 9시 타임반 수업이 끝날 때까지 학원에 있었는데, 수업 하나 듣고 그 외 시간에는 학원 자습실에서 내내 일본어 공부만 했다. 인문계 친구들이 야간자율학습에 수능 공부를 할 때도 나는 일본어 공부만 했다.

고3 때 일본어능력시험(JLPT) 1급을 취득했는데 그때의 희열은 지금도 잊을 수가 없다. 전교생 중 유일하게 4년제 국립대학교에 외국어 우수자 전형으로 수시에 붙었을 때는 세상을 다얻은 듯 기뻤다. 부모님도 국립대 합격 소식에 동네잔치라도 할듯이 기뻐하셨다.

입학해 보니 입학생 100명 중 실업계 출신은 나 한 명. 전공수업을 들으면서 인생의 쓴맛을 느꼈다. 국제통상학부였는데, 일본어 수업은 하나도 없었고 영어 원어민 수업과 회계수업 등전혀 흥미 없는 수업만 들어야 했다. 새벽부터 밤까지 도서관에서 자리 잡고 공부해도 머리에 전혀 들어오지 않았다.

2학년을 마치고 나니, 이건 아니다 싶었다. "나에게 휴식을주자!"라는 생각에 무작정 일본 워킹홀리데이 비자를 신청하고 2009년에 단돈 100만 원을 환전해서 들고 대학 동기를 꼬드겨둘이서 일본으로 떠났다. 비행기도 안 타 본 나에게 꿈에 그리던 일본은 신세계나 다름없었다.

눈물의 편의점 아르바이트

초기정착금만 들고 일본에 갔기에 아르바이트부터 구해야했다. 일본 아르바이트 사이트에서 '외국인 환영'으로 검색하면 제일 많이 뜨는 일이 편의점 아르바이트였다.

　나에게 '도쿄'하면 스크램블 교차로가 있는 시부야가 가장 먼저 떠오른다. 그곳에서 아르바이트하면 도쿄를 만끽할 수 있을 거라는 단순한 생각으로 시부야에 있는 편의점에 지원했다. 다음 날 연락을 받고 면접을 보러 갔었는데, 아뿔싸… 면접 가는 날까지도 일본의 편의점을 한 번도 가 본 적이 없었다. 가지고 온 돈이 조금밖에 없던 나에게는 집 앞 마트가 유일한 식자재 구입처였다. 면접 전, 부랴부랴 시부야의 다른 편의점에 가서 껌을 하나 쥐고 어슬렁거리며 일본인 점원이 어떻게 일하는지 관찰했다.

　점장과의 면접에서 마냥 해맑은 미소를 얼굴에 띠며 "일본에는 2주 전에 왔습니다!" "어느 요일이든 어떤 시간대이든 출근 가능합니다" "열심히 하겠습니다!"라고 어필했다. 점장님은 이글거리는 나의 눈빛을 못 이겼는지 다음 날 연락을 주셨다.

　"내일부터 교육받으러 오세요"

　내가 일한 편의점은 주·야간으로 아르바이트생이 10명 남짓이었는데, 그중 2명을 제외하고 다 외국인이었다. 중국인과 일본어로 대화를 하니 그저 신기할 따름이었다. 하나하나 일을 배워가는 데 문제가 생겼다. 손님 앞에서 돈 계산을 잘 못했다.

　일본에 오기 전 잠깐 학원에서 회화수업을 들었는데 그때의 일본인 선생님과의 대화와는 180도 달랐다. 말 속도와 어휘들이 100배의 난이도로 내 귀에 들려왔고, 뭐라고 하는지 전혀 알아들을 수가 없었다.

"네? 뭐라고요?"라고 하면 바쁜 손님들은 짜증 내기 일쑤였고, 기가 죽어 합계금액도 입 밖으로 못 내고 벌벌 떠는 상황에 이르렀다. 숫자는 왜 그렇게 입에서 바로바로 나오지 않는지…. 편의점 아르바이트에 치명적인 약점을 가지고 있던 나는 결국 주 5일, 하루 8시간이던 아르바이트가 주 2일, 5시간 아르바이트로 시간이 줄어드는 신세가 되고 말았다.

대화가 통하지 않으니 일본 직원들은 철저히 나를 무시했고, 중국인 아르바이트생들은 그런 내가 안쓰러웠는지 계산업무 대신에 매장 내 제품보충이나 창고재고정리 등을 시켜주었다. 일한 지 10개월이 되었을 무렵, 일본어 실력은 늘어나 있었지만, 나를 무시하는 일본인 직원들의 태도는 변함이 없었다. '이놈아! 나를 무시하지 마! 나도 이제 일본어 알아듣는다고!'라고 하고 싶었지만, 어린 나이에 한국인 이미지를 해칠 수 없다는 생각에 꾹 참다가 아르바이트를 그만두기로 했다.

"죄송합니다. 저 이번 주만 일하고 그만두겠습니다."

점장님도 자르지도 못하고 답답하기만 하던 아르바이트생을 덤덤히 보내주었다. 마지막 날 일을 끝내고 시부야 역으로 향하는 길, 명품 매장에 들러 그동안 모은 돈으로 예쁜 지갑을 하나 샀다.

"그래 주영아 잘 참았어. 수고했어."

즐거웠던 호텔 레스토랑 아르바이트

편의점 근무 시간이 줄어드는 바람에 추가로 일자리를 구해야만 생활할 수 있었다. 같이 일본에 간 친구는 신주쿠 호텔에 있는 근사한 프랑스 레스토랑에서 아르바이트를 시작했다. "그럼 나도 해볼까?"라며 아르바이트 사이트에서 '호텔·레스토랑'을 검색하니 멋진 일자리들이 많이 나왔다. 밑져야 본전, 면접도 경험이라는 생각에 무작정 이력서를 마구마구 넣었고, 몇 군데 연락을 받았지만 면접에서 좋은 인상을 주지 못했다.

마지막으로 연락을 받고 간 곳이 신주쿠 남쪽 출구에 있는 근사한 호텔 레스토랑이었다. 으리으리하게 크고 깨끗한 입구에 들어서자마자 입이 쩍 벌어졌다. "제발, 제발 여기에서 일하게 해 주세요!" 달님께 기도하고 싶었지만, 해가 중천이니 해님께 기도하고 호텔 사무실이 있는 21층으로 올라갔다. 그동안 아르바이트 면접만 다섯 번 정도 봤으니 여유가 생긴 것인지 모르겠지만 꼭 나를 써달라는 어필을 계속했다. 요리를 너무 좋아하고 요리를 공부하고 싶다는 거짓 아닌 거짓말에 다음 주부터 출근해도 좋다는 말을 들었다.

꿈에도 그리던 멋진 아르바이트 장소는 호텔 20층에 있는 '트라이벡스TRIBEKS'라는 이탈리안 레스토랑이었다. 여기서도 일본어가 잘 나올 리가 없었지만, 손님을 상대할 일은 없었다.

내가 일하게 된 파트는 메인요리가 나가기 전 애피타이저나 호텔 라운지에 나가는 안주 등을 만드는 오픈키친이었다. 눈앞에는 신주쿠 공원이 보이고 저 멀리 도쿄 스카이트리가 한창 지어지고 있었다. 밤에는 오른쪽으로 반짝이는 도쿄타워가 보였고 저녁마다 저 멀리 도쿄 디즈니랜드의 불꽃놀이가 보였다.

주방 뒤쪽은 유리벽으로 되어있어 메인 쉐프들이 불 쇼를 하며 스테이크 만드는 모습이 바로 보였다. 나는 오픈키친에서 그때그때 들어오는 주문을 보고 음식을 내면서, 다음 날 아침에 나갈 호텔 조식 메뉴에 쓰일 재료들을 다듬는 일을 했다. 같은 파트에서 일하는 쉐프들은 다들 유명한 요리전문학교 출신에 실력도 훌륭했다. 왜 내가 고용되었는지 아직도 의문이긴 하지만 혼자 추측하기로는 아마 묵묵히 일해 줄 친구가 필요했는지도.

같은 파트에서 일했던 쉐프들은 나와 비슷한 또래이거나 20대 후반으로 일본어를 잘 하지 못하는 한국인에게 호기심을 가져주었다. 채소와 빵, 치즈의 종류는 왜 그렇게 많은지….

"도와주세요!"라는 나의 한마디에 그들은 재료통에 히라가나와 가타카나로 이름을 다 써 붙여줬다. 그리고 "어렵지? 천천히 외워도 돼요. 괜찮아"라고 말해주는데, 그 한마디가 너무 고마웠다. 편의점 아르바이트에서는 느껴보지 못했던 친절함. 이것이 사람들이 말하는 일본사람들의 친절함인가! 나는 며칠 만에 오픈키친에 있는 식자재와 레시피를 다 외웠다.

저녁 10시에 일이 끝나면 즐거운 야식 시간이 시작된다. 메인 쉐프들은 남은 식자재로 저녁 늦게 아르바이트하는 직원들을 위해 요리를 해놓고 갔다. 파스타나 스테이크는 기본, 심지어 랍스타가 있는 날도 있었다. 세계 3대 진미도 처음으로 주방 뒤쪽에서 다 맛보았다. 호텔에 따로 직원 식당도 있어서 매일 맛있는 식사를 할 수 있었는데, 덕분에 밥걱정 없이 지낼 수 있었다. 귀국할 때 공항에서 부모님께서는 후덕해진 딸을 못 알아보셨다.

"차상! 나랑 쉬는 날이 같네? 시모키타자와에 맛있는 나폴리탄 스파게티집이 있는데 같이 갈래?"

"차상! 이번에 호텔 앞에 스페인요릿집이 생겼는데 한잔하러 갈래?"

당시에는 나폴리탄이 뭔지 몰랐고, 스페인 요리가 어떤 것인지도 몰랐다. 일본이 처음인 외국인인 나에게 선뜻 다가와 같이 어울리자고 제안해 주는 동료들이 너무 고마워서 가자고 하면 다 따라 다녔고, 그렇게 1년간 같이 일했던 오픈키친 멤버들은 나의 소중한 친구가 되어주었다.

유니클로 아르바이트를 하다

1년간의 워킹홀리데이가 끝났다. 레스토랑 친구들과 눈물의 작별을 했다. 대학교에 복학, 또다시 새벽부터 도서관에 자리 잡기 싸움을 하고 토익학원에 다니고 좋은 학점을 받기 위해 부단히 노력했다. 시간이 지날수록 행복했던 일본 생활이 계속 눈에 아른거렸다. "내가 있어야 하는 곳은 일본인데 여기서 뭘하고 있는 거지…"

대학을 졸업하고 아르바이트하며 유학자금을 모았다. 유학원을 통해 일본 전문학교를 알아보았다. 부모님은 굳건해진 나의 결심에 두 손 두 발 다 드신 상태였다. 그렇게 다시 시작된 일본 생활. 전문학교 입학과 동시에 학비와 생활비를 벌기 위해 아르바이트를 찾아다녔다. 학교 근처에 큰 쇼핑몰이 있어 여기서 아르바이트하면 좋겠다고 생각했다. 쇼핑몰 안에 입점에 있던 유니클로 매장 채용 공고문을 보고 그 날 바로 인터넷으로 지원했다.

사실 나는 화려한 패턴이 들어간 옷들을 좋아하고 미니스커트에 힐을 많이 신고 다녔다. 유니클로는 유행을 타지 않고 편안해서 지금은 너무 좋아하는 브랜드지만, 당시에는 전혀 내 스타일이 아니었다. 하지만 먹고 살려면 어쩔 수 없는 법. 면접 때는 무늬가 없는 깔끔한 셔츠에 무릎까지 오는 H라인 치마를 입었다. 시간을 중요시한다는 인터넷 정보를 보고 커다란 손목시계도 찼다.

면접에서 유니클로에 대해 어떻게 생각하는지? 왜 여기서 일을 하려고 하는지 등의 간단한 질문이 이어졌다. "집, 학교와 가깝고, 일본의 큰 기업에서 아르바이트를 해보고 싶습니다" "주말에는 어느 시간대든지 출근할 수 있습니다"

외국인에 대해 큰 편견이 없는 기업이라고 들었는데 역시나 채용 담당자와 점장님은 면접을 볼 때 편안한 분위기를 만들어 주었다. 다행히 채용되었다. 채용이 된 후에는 실전 업무에 들어가기 전에 업무훈련을 받았다. 역시 큰 기업이라 꼼꼼히 트레이닝을 해줘서 무척 마음에 들었다. 처음 담당한 업무의 위치는 매장 입구였다.

"어서 오세요. 편안히 봐 주세요" "이번에 새로 나온 제품입니다. 피팅도 가능하니 한 번 입어보세요" 매장 안쪽까지 내 목소리가 들리도록 소리를 질러야 했다. 목소리가 큰 편도 아니고 남들 앞에서 소리쳐 본 적이 없었지만, 얼굴이 빨개져라 질러댔다. 그도 그럴 것이, 내가 일하던 매장은 매상이 높은 대형 매장 중 하나였다. 항상 손님들로 북적거려 큰소리로 인사하지 않으면 직원이 있는지 없는지도 모를 정도였다.

6개월 정도까지 매장에서 까랑까랑한 목소리로 신제품 소개를 했다. 그러던 어느 날 교육 담당자가 계산 OJT를 시작하자고 했다. 계산은 다행히도 편의점에서 일했던 경험이 있었기에 다른 일본인 아르바이트생들보다 금방 트레이닝을 끝낼 수 있었다. 편의점 아르바이트가 이럴 때 도움이 될 줄이야!

대형매장인 만큼 계산대가 20개 넘게 있었는데, 돈 계산을 잘하다 보니 나중에는 계산 마감 업무까지 맡게 되었다. 만엔 뭉치를 백 장도 넘게 들고 있노라면, '이 돈이면 학비도 낼 수 있을 텐데…'라는 엉뚱한 생각을 한때 하기도 했지만, 언제부터인가 은행원들처럼 돈이 돈으로 보이지 않는 무감각 장착 돈 세기 스킬도 익히게 되었다. 금액이 1원이라도 누락되면 어디에서 실수가 났는지 찾아내야 했다. 20대가 넘는 계산대에서 오픈부터 마감까지 쌓인 영수증을 뽑아내 찾아내는 일이 너무 힘들었지만, 잘못 계산된 영수증을 발견하는 순간의 짜릿함은 지금도 잊을 수 없다.

유니클로의 직원 스케줄 관리는 다음 달 일정표를 주고 근무 가능한 날과 불가능한 날을 각각 체크하게 한다. 그런 뒤 100명이 넘는 점원들의 일정을 한데 모은다. 일정만 짜는 담당자가 매주 출근일과 근무시간, 휴식시간을 정해서 주간 일정표를 만들어 게시판에 붙여 놓는다. 분 단위로 급여가 달라지다 보니 업무를 마치면 너나 할 것 없이 스텝 방에 뛰어들어가서 퇴근 시간을 컴퓨터에 입력한다. 시간을 정말 칼 같이 지키는 분위기였다.

우리 매장에는 나 말고도 한국인이 두 명 더 있었다. 한 명은 같은 학교에 다니던 오빠였는데 패션 관련 전공을 해서인지 굉장한 멋쟁이였고, 매장 직원 사이에서도 인기가 많았다. 그리고 한 명은 나와 동갑내기 여자 친구였는데, 한국의 유명 대학을 나와 글로벌 채용으로 일본에 온 케이스였다. 예비 점장으로 교육을 받고 있었는데, 영어로 취업이 된 케이스여서 일본어는 잘하지 못했다. 하지만 그녀의 외국어 습득실력은 역시나 남달라 반년 후에는 일본어로 조례와 종례를 할 정도로 실력이 늘어 있었다. 그녀는 그 후에 점장이 되어 일본에서 훌륭한 경력을 쌓고 있다. 그만큼 피나는 노력과 고통이 있었으리라 생각된다.

전문대를 졸업할 때까지 유니클로에서 일하면서 나와 같은 또래 일본인 친구들을 많이 사귀게 되었다. 아르바이트가 있는 날은 퇴근 후에 같이 일한 유니클로 직장 친구들과 만나 막차까지 술 마시고 논 탓에 일본어가 많이 늘었다. 일 끝나고 마시는 맥주 한 잔은 너무나도 행복했다, 물론 생활비에는 전혀 보탬이 되지 않았지만 말이다.

일본 물류회사에 취업하다

　일본에서 전문학교를 졸업하면 바로 취업의 문이 열리게 될 줄 알았다. 학교 성적도 나쁘지 않았고, 당시 일본의 취업률도 94.5%(2014년 졸업자 기준, 문부과학성 발표)로 취업상황이 나쁘지도 않았다.

　하지만 생활비와 학비 모으기에 급급해 아르바이트에 몰두하던 나머지, 학교 출석은 물론이고 항상 꾸벅꾸벅 졸고 있는 수업 태도가 담임선생님 눈에는 영 아니었던 모양이다. 다른 유학생 친구들은 선생님의 첨삭지도를 받으며 취업준비를 할 때 나는 아르바이트하며 끼니 걱정만 하고 있었다.

　2학년 후반이 되어서 이게 뭐 하고 있는 짓인가 눈물을 쏟았을 때는 이미 시간이 많이 지난 뒤였다. 혼자 일본 취업사이트인 리크루트와 마이나비에서 취업 정보를 찾아보기 시작했지만, 일본에서 취업하는 데 필요한 엔트리시트이력서라든지 SPI많은 일본기업이 사용하고 있는 적성검사를 도대체 어디서부터 어떻게 준비해야 할지 알 수가 없었다.

당시 유니클로에서 같이 일하던 친한 일본인 친구의 여동생도 대학교 3학년에 재학 중이었는데 취업 준비로 항상 바쁘게 지내고 있었다. 그 친구 집에 놀러 갔는데 동생의 취업 활동 수첩의 존재에 한 번 놀라고, 지금까지 취업준비 해 왔던 내용과 앞으로의 일정이 빽빽이 적혀 있는 것을 보고 두 번 놀랬다.

아직 졸업하려면 멀었는데 벌써 준비를 하다니 정말 대단하다고 생각했는데, 일본에서는 당연한 일이라고 한다. 그녀는 4학년 1학기에 당당히 일본 유명 금융회사에 내정을 받았고 2학기에는 아르바이트를 하며 모은 돈으로 미국에 졸업여행을 다녀왔다.

친구 동생의 취업 수첩을 보고 온 날, 다시 마음을 다잡고 취업사이트를 이리저리 보다가 마이나비 사이트에서 재미있는 프로젝트를 보게 되었다.

"유학생 취업응원 프로젝트"

해외유학생의 취업을 늘리고자 일본 정부에서 지원해주는 프로그램이었다. 업체에 가서 몇 주간 인턴십을 하고 보수는 국가 지원금으로 반을 지원해주고 나머지 반은 기업에서 취업준비생에게 지급했다. 망설임 없이 지원했고, 마이나비 본사로 가서 1:1로 담당자와 상담했다.

"일본에 취업하겠다고 했는데 왜 엔트리시트 넣은 곳이 얼마 없죠?" "왜 일본에서 취업하려고 하나요?" "왜 아직 취업을 못했다고 생각해요?" 담당자의 쏟아지는 질문에 우물쭈물 제대로 대답을 못 했다. 같이 잘 해보자고, 꼭 취업이 되도록 도와주겠다는 담당자의 말에 왈칵 눈물이 나오기도 했다. 그 후로 세 번을 더 찾아가 면접연습, 말투 고치기, 이력서 쓰는 법을 배웠다. 학교에서도 면접과 이력서 작성에 대해서 배웠지만, 정신을 못 차렸던 탓인지 좋았던 기억밖에 나질 않는다.

두어 곳 정도 면접을 봤는데 결과는 역시나 내정까지 못 갔다. 그러다가 담당자가 한 군데 더 연락이 왔다며 소개해 준 곳이 나의 일본 첫 취업처가 되었다. 도쿄에 본사가 있는 일본 물류회사인데 사장님이 한국 분이시고, 30명 남짓한 본사 직원들은 한국인 반, 일본인 반으로 구성된 재미있는 회사였다. 근무하고 있는 일본인들은 기본적으로 한국어를 잘했다. 사적인 대화를 할 때는 한국어를, 회의나 업무를 할 때는 일본어를 사용했다.

내가 했던 업무는 해상수입통관이었다. 한국에는 국제항으로 부산항과 인천항 정도가 있지만, 일본은 무수히 많은 국제항이 있다는 사실을 업무를 하며 알게 되었다. 주로 업무를 했던 메인 포트만 해도 요코하마항, 도쿄항, 오사카항, 나고야항, 하카타항, 시모노세키 등 6개 정도였으니 일본 항만사업이 얼마나 큰지 짐작이 된다.

나는 한국에서 수출된 화물이 일본에 입항하고 난 후부터의 업무를 담당했다. 화물이 입항하면 일본 통관사와 함께 세관에서 화물의 수입수속을 진행하고 수입자가 원하는 납품일과 납품처를 확인 후 트럭이나 트레일러를 수배해서 납품시킨다. 한국 대리점에서 컨테이너 채로, 또는 소량 화물을 보내주면 화물의 상세명세를 확인하고 서류상에 문제가 없는지 검토, 일본 통관사에게 세관 신고가 들어갈 수 있도록 요청한다.

일본 통관사 중에는 간혹 한국인도 있지만, 대부분이 일본인이기에 화물에 대해 상세하게 일본어로 설명할 수 있어야 한다. 혹 전달이 잘못되어 관세율이 달라지면 화주가 큰 손해를 볼 수 있다. 정확한 전달이 필수인 업무라 항시 기록을 남겨두고 긴장하면서 일해야 했다.

한 번은 통관사의 실수로 세관에 품목을 잘못 신고하여 화물의 관세를 더 물게 된 일이 있었다. 나는 다행히 메일로 내용명세에 대해 정확히 통관사에게 전달한 기록이 남아있어 문제가 되지 않았지만, 수입재신고로 인해 발생하는 비용에 대해 통관사가 전부 책임을 지고 재신고를 해야만 했다. 일본의 수입자 측에서는 납품일만 지키면 되고, 재수입신고를 해서 관세가 다시 돌아온다면 문제가 없다고 하였다.

일이 다 정리된 줄 알았는데, 신고가 잘못되어 우리 회사에 민폐가 된 점을 사죄하고 싶다며 통관사의 부장, 과장, 영업사원까지 우리 회사를 찾아왔다. 정말 미안하게 되었다며 30여 분을 붙잡고 사과했다. 우리 부서 계장님은 회사에 민폐를 끼쳤으니 당연한 처사라 하셨지만, 다시 자리에 앉아 모니터를 응시하는데, 눈물이 났다. 나이 지긋한 부장님이 나이 어린 20대 거래처 사원에게 고개 숙여 사죄하는 기분이 어떨지…. 문득 한국에 계시는 아버지 생각에 눈물이 난 것 같다. 그리고 그 거래처와 더 돈독히 지내게 되었다.

이 일은 일본 여러 지역 일본인과 접촉 할 수 있어서 좋았다. 항구마다 관리하는 세관이 달라서 연락하는 통관사도 다 달랐다. 그래서 매일 여러 지방 사람들과 통화를 했는데 지역 특유의 사투리를 듣는 것도 하나의 즐거움이었다. 특히 오사카항 통관사는 사투리가 너무 심해 통화 할 때 거의 못 알아들은 적도 몇 번이나 있었다. 결국엔 메일로 요약 정리해서 보내주고는 "미안해요, 차상. 내가 사투리가 너무 심하죠?"라고 했는데, 그 이후로도 사투리를 계속 고수했다. 통관사들이 가끔 도쿄로 올 때마다 우리 회사에 들러 지방의 유명한 과자들을 사다 주곤 했는데 책상 서랍 한쪽이 일본 전국의 다양한 과자로 가득 차기도 했다.

외국인이라고 무시하는 통관사도 심심치 않게 있었다. "내 말을 알아듣기는 한 거냐?" "일본사람 없냐? 상사 바꿔라" 여러 번 호통을 당한 적도 있었다. 그럴 때일수록 이를 악물고 더 통관업과 일본어를 공부했던 것 같다. 결국엔 마음을 열어주어 조금은 쉽고 천천히 말해주는 통관사들도 있었으니 인생 공부도 많이 했다.

내가 수입한 제품들이 가게에 판매되는 것을 보았을 때의 기쁨은 이루 말할 수 없다. "내가 수입한 거야" "이거 MADE IN KOREA야"라고 일본 친구들한테 자랑도 많이 하고 다녔다. 그만큼 이 일에 많은 보람을 느끼며 다양한 경험을 했다.

에필로그

일본에서 1년간의 워킹홀리데이, 2년간의 전문학교 생활, 3년간의 회사생활을 했다. 20대의 열정을 모두 쏟아부은 멋진 추억들이다. 현재는 한국으로 귀국하여 그동안 소홀했던 가족들에게 좀 더 집중하는 시간을 보내고 있으며 일본어 전공을 살려 통·번역가와 일본어 강사로 제2의 삶을 준비하고 있다. 또한 2018년 가을에 고등학교 동창과 결혼을 앞둔 예비신부이기도 하다. 둘이서 홋카이도 일주가 꿈이어서 신혼여행은 홋카이도로 갈 예정이다. 다들 동남아나 유럽에 안 가고 왜 또 일본을 가냐며 지겹지도 않냐고 말하지만 눈 내리는 조용한 홋카이도에 대한 로망이 있기에 반드시 가기로 약속했다.

　나에게 있어서 일본은 동경이었고, 로망이었고, 피난처이자 휴식처였다. 앞으로도 꾸준히 일본 방방곡곡을 여행하는 꿈을 꾼다.

일본 요식업 아르바이트에서 살아남기

황세영

"세영 씨, 오늘부터 요리 한번 배워 봅시다!"

해맑은 표정의 매니저님과는 다르게 나는 '드디어 올 것이 왔군!'이라는 생각이 들었다. 다른 게 아니라 정말 걱정됐기 때문이다. 홀 서빙을 하면서 주방을 쭉 지켜봤기에 얼마나 고된 일인지도 잘 알고 있었다. 내가 요리에 큰 소질이 없다는 것도 큰 문제였다.

2015년 4월, 일본으로 워킹 홀리데이를 떠났다. 국제통상학과 졸업 예정이라 일본 경험이 취업에 도움이 될 것 같았고 미래의 꿈인 번역가 되기에도 일본 문화 경험은 도움이 될 것 같았다. 처음에는 이곳저곳 많이 놀러 다녔다. 요코하마의 '컵라면 박물관' 체험을 하고, 츠키시마에 '몬자야키'를 먹으러 갔으며, 여름에는 아사쿠사의 '불꽃놀이'를 보러 도쿄의 곳곳을 누볐다. 하지만 마냥 놀 수만은 없었다. 1년 동안 일본어가 더 빨리 늘었으면 하는 마음에 일본어 학교와 아르바이트를 병행하기로 했다.

출근 시간은 보통 오후 5시. 일본어 학교에 다니며 아르바이트를 했고 12시 반에 수업이 끝나면 곧장 집으로 향했다. 집에 도착하면 1시가 조금 넘었다. 1시 30분부터 4시 30분 사이, 이 시간은 일본어 공부에 활용했다. 일하면서 손님에게 사용하는 높임말이 낯설고 입에 잘 붙지 않아서 한국에서 들고 간 일본어책으로 열심히 공부했다.

아르바이트를 시작한 지 얼마 되지 않아 홀 서빙을 할 때는 체인점에서 나눠준 매뉴얼 속의 접객 시 대응 요령(손님이 들어오셨을 때, 자리 안내해드릴 때, 손님이 자리에 앉으셨을 때, 식권 발권기에서 뽑은 식권을 확인할 때의 요령이 적혀 있다)을 보고 입에 익숙해질 때까지 여러 번 읽기도 했고, 전날 일하면서 내가 잘 못 알아들었던 말, 손님이 자주 물어본 것, 손님이 자주 쓰는 말을 정리해서 공부하기도 했다. 그러다 보면 세시간이 금방 지나갔다.

일본은 '접객 교육'을 중요시한다. 점장님과 매니저님도 접객의 중요성에 대해 자주 언급했다. 그만큼 일본의 서비스 정신은 투철하다. 홀 서빙은 접객뿐만 아니라 테이크아웃 손님의 음식 포장, 설거지, 만들어져 나온 음식 쟁반에 세팅하기도 해야 했다. 다른 일을 하다가 손님이 오면 즉시 응대하고, 손님맞이가 몇 초라도 늦으면 안 될 정도로 엄격했다. 어쩌다 늦어지면 어디선가 나타난 매니저님의 한 마디,

"손님을 조금이라도 기다리게 해서는 안 돼요!"

처음에는 하던 일을 바로 멈추고 접객하는 일이 익숙해지지 않아 하루에 한 번씩은 꼭 저 이야기를 들었다. 그리고 아르바이트를 시작한 지 두 달이 다되어 갈 때쯤, 드디어 주방 일을 해보자는 매니저님의 이야기를 듣게 된 것이었다.

처음 주방에 들어간 날, 앞치마 주머니에 작은 노트와 볼펜을 준비했다. 요리하는 법을 가르쳐 줄 때 절대 친절하게 하나하나 설명해주지 않는다. 그러기엔 너무 바쁘게 돌아가는 주방. 옆에서 '어깨너머로 보며' 암기해야 한다. 신메뉴가 있으면 요리법이 적힌 종이를 보고 일일이 해석하면서 익혀야 한다. 중간에 모르는 단어들은 날 혼란에 빠뜨리고… 일이 끝날 때쯤 라커룸에서 휴대전화를 꺼내와 사진을 찍어가서 공부하기도 하고,

일본인 아르바이트생과 친해져서 그 친구에게 한자 읽는 방법 (요미가나)을 묻기도 했다.

40가지나 되는 메뉴 외에도 새로운 조리법, 요리 부자재 다루는 방법을 배울 때는 일일이 손으로 기록하고 집으로 돌아와 공부했다. 계절 메뉴라든지 매달 이벤트성 식사가 추가되면 그 요리법도 외워야 했다.

주방에 들어가 처음 요리를 시작할 때만 해도 하루하루 잘 견뎌내기에 급급했다. 요리에 대한 자부심이나 책임감을 느낄 겨를이 없었다. 하지만 언제부터인가 내가 잘못 만들거나 대충 만든 요리를 먹고 손님들이 실망하거나 다시 우리 가게를 찾지 않으면 어쩌나 걱정되기 시작했다. 무엇보다도 친절한 점장님과 함께 일하는 동료들, 나에게 일자리 기회를 준 가게에 폐를 끼치고 싶지 않다는 마음이 절절했다.

주방에서 일할 때는 보통 메인 요리사 1명과 요리사 보조 2명이 한팀이다. 나도 물론 요리사 보조부터 시작했는데 보조는 자잘하게 할 일이 많다. 기본적으로 주방에서 보조가 하는 일이란 쌀 씻어서 밥하기(50인분을 하는데 50인분짜리 밥솥이 3개 있다), 양배추 씻어서 그릇에 미리 세팅해두기, 돈가스 고기가 떨어지기 전에 주방으로 옮겨놓기, 그 외에도 메인 요리사가 바로바로 음식을 만들 수 있도록 부자재를 찾아 주는 일, 주문이 들어오는 순서대로 그릇을 미리 놔두고 소스 챙겨두기 등이다. 모든 일이 처음인 나에게 주방은 그야말로 전쟁터나 다름이 없었다.

한 참 바쁜 시간대에는 카운터 석(1인석)의 존재로 회전율이 높아서 일하는 중에 물은커녕 다른 생각을 할 틈조차 없다. 일하는 중에는 정신없이 시간이 흘러간다. 정신을 바짝 차리고 하지 않으면 내가 요리를 하는 것인지 요리가 나를 다루는 것인지 분간이 되지 않는다. 바쁠수록 침착해야 한다. 가끔은 베테랑인 점장님도 우왕좌왕하는 때가 있었다. 신참자인 나는 더더욱 그랬다. 주방 일을 함께하면서부터 실수하는 일이 많아졌다. 너무 미안한 마음에 나도 모르게 주눅이 들었다. 하루는 점장님이 휴식시간에 사무실에 앉아 있는 나에게

"세영 씨는 항상 밝게 웃으면서 접객을 잘해요. 우리 지점에서 아마 제일 인사를 잘할 거예요."

라고 웃으며 칭찬을 해주는 것이었다. 그 말은 나에게 큰 위로가 되었다. 한편으로는 나의 주눅 들어 있는 모습을 모두에게 보였다는 사실이 부끄러웠다. 그 이후 더 열심히 일했고 행동으로 그간의 실수를 만회하고 싶었다.

점장님은 '일본인은 조금 차가운 면이 있는 것 같아' '일본

인은 낯가림이 있으니 나도 거리를 둬야겠어'라는 선입견을 지워줄 정도로 좋은 분이었다. 나에게 친근하게 먼저 다가와 줘서 항상 감사했다. 외국인인 내가 낯선 가게에 잘 적응할 수 있도록 말도 자주 시켜주고 말을 못 알아듣는 것 같으면 선생님처럼 친절하게 가르쳐주었다. 여행을 다녀오면 늘 오미야게お土産를 사다 주기도 했다. 한국으로 돌아오기 전 마지막 인사를 나눌 때는 일본에 언제 또 놀러 오느냐며, 놀러 오면 꼭 연락하라는 따뜻한 점장님 말에 눈물이 날 뻔했다.

일본어 학교와 아르바이트를 같이하는 건 내가 선택한 길이었지만 체력적으로 힘들었다. 학교수업이 끝나고 아르바이트 가는 길, 항상 발걸음이 무거웠다. 막상 일할 때는 동료들과 팀워크를 발휘하며 시간 가는 줄 몰랐지만, 집으로 돌아가서는 베개에 머리를 대자마자 잠이 들곤 했다. 익숙하지 않은 일, 능숙하지 않은 일본어를 쓰며 일하다 보니 정신적으로도 피곤했다.

지나와서 생각해보면 그런 상황에서도 힘낼 수 있었던 이유는 하루하루 느는 일본어 실력이 뿌듯했고, 일본에서 하려고 했던 이상적인 생활에 조금씩 가까워지는 내 모습 때문이다. 하루하루 조금씩 더 멋진 사람이 되어가는 듯한 기분에 힘은 들었지만 잘 견뎌 낼 수 있었다.

일본에서 아르바이트 구하기

　일본에 도착하고 4개월 동안은 낯선 언어와 환경에 빨리 적응하고 싶다는 생각에 열심히 같은 반 중국인, 대만인, 홍콩인 친구들과 여행을 다녔다. 덕분에 일본어로 일상대화를 나누는 것이 어렵지 않았다. 일본어 학교의 한국인 친구에게 소개받은 일본인 친구들과 만나도 대화가 어색하지 않았다. 눈 깜빡할 사이에 4개월이 지나갔고 그때까지 아르바이트는 구하지 않았다.

　가져왔던 생활비가 점점 떨어져 가던 어느 날, 첫 번째 구직 시도를 했다. 통학하면서 눈여겨봐 둔 히가시 나카노역 앞 한 도시락 전문점에 구인 광고가 붙어서 전화를 걸었다. 막상 통화 연결이 되어 말을 하려고 하니 말문이 턱 하고 막혔다. 급하게 전화를 끊었다. 역시 사람을 마주하고 대화하기는 그리 어렵지 않았지만, 전화로 일본어를 말하고 알아듣기는 쉽지 않았다. 일본어 실력이 생각보다 좋지 않다는 사실만 확인하고 아무 소득 없이 첫 번째 시도는 끝나고 말았다.

　두 번째 아르바이트 구하기 시도는 일본 구직사이트 '바이토루バイトル'를 이용했다. 집과 학교 근처에서 할 수 있는 아르바이트를 찾아보았다. 한 번 실패했기에 이번에는 준비를 더 많이 했다. 아르바이트하는 친구들에게 면접에 관해 물어보고 질

문 리스트를 작성했다. 그리고 그에 대한 답변들을 쭉 써보았다. 여러 가지 변수를 고려해서 입에 익도록 달달 외웠다. 드디어 실전. 아르바이트를 모집하는 집 근처 편의점에 전화했는데 다음 날 바로 면접을 보러오라고 했다. 준비해둔 이력서를 찬찬히 읽어보고 드디어 면접을 보러 갔다.

면접에서는 비자는 어떤 것인지, 일본어 능력 시험(JLPT) 2급 자격증이 어느 정도의 실력인지, 현재 일본어 학교에 다니는지, 편의점 근처에 사는지 등 예상했던 질문들이 쏟아졌고 나는 거기에 꽤 적절하게 잘 대답했다. 면접 보는 점장 표정도 너무 좋았다. 생각보다 어려운 질문은 없었다.

"아르바이트는 언제 나올 수 있죠?"

이 질문부터 면접은 꼬이기 시작했다. 일본의 아르바이트에는 '시프트'라는 개념이 있다. 이 시프트 제도를 제대로 이해하지 못한 채 면접을 간 것이 문제였다. 시프트는 2주 정도 기간의 근무표를 미리 정해 자신의 일정에 맞춰서 원하는 아르바이트 시간을 매장에 제출하는 제도인데 이 개념을 잘 모르고 무작정 이런 답변을 해버린 것이다.

"○○요일에 일하고 싶습니다."

"안 되는 날은 왜 그런지 물어봐도 되나요?"

"학교에 다니면서 아르바이트를 할 예정이기 때문에 ○○ 요일은 쉬고 싶습니다!"

결국, 또다시 아르바이트 구하기 실패. 일본의 아르바이트는 시프트가 있어서 융통성 있게 시간 조정이 가능한데 무작정 어떤 요일은 일하고 어떤 요일은 일하지 않겠다고 말했으니! "아르바이트는 언제 나올 수 있죠?"라는 물음에 대한 대답은 "일주일에 몇 회 정도 일하고 싶습니다" 정도로 충분했는데 말이다.

첫 면접이라 너무 긴장했다고 생각하며 스스로 마음을 다독였다. 그 점장님도 에둘러서 다른 이유로 떨어졌다고 말했지만, 시프트를 이해 못 한 점이 가장 큰 낙방 이유 같았다.

두 번의 아르바이트 구하기 실패로 자신감은 바닥에 떨어졌다. 하지만 포기할 수는 없었다. 룸메이트가 알려줘서 집 앞 'M'사 돈가스 체인점 아르바이트에 다시 지원했다. 면접을 보러 가기로 하고 룸메이트와 함께 가상면접도 해보며 만반의 준비를 했다. 홀 서빙이 어느 정도 익숙해지면 주방 일도 함께해야 하는 힘든 일이라는 것도 알고 있었지만, 이것저것 따질 상황이 아니었다. 이번이 마지막이라는 각오였다. 다행히 면접한 그 자리에서 다음 주부터 같이 일해보자는 말을 듣게 되었다.

면접 볼 때 점장님이 '너는 야루끼ゃる氣 의욕가 있어서 좋다'

라는 말을 해 주었다. 면접 태도에 열정이 넘친 모양이다. 절박함은 나를 에너지 넘치는 사람으로 만들어 주었다.

일본 아르바이트 알려주마!

아르바이트를 시작한 지 1개월 반, 신입 연수가 끝나고 처음 면접 봤던 동네 지점에 배치받아 일하던 어느 날이었다.

"세영 씨, 다음 달 스케줄 표 확인했어요?"

"엇! 아니요. 아직 확인 안 해봤어요."

"한번 확인해 봐요. 때때로 다른 지점으로 '파견 근무'도 가니까 미리미리 확인해 놓는 것이 좋아요."

파견근무? 사실 1개월 반 동안의 연수도 내가 일 할 지점이 있는 나가노가 아니라 신주쿠에 있는 지점에서 받았다. 그래도 그저 '연수라서 그렇겠지' 생각했다. 정식으로 '파견 근무'가 있으리라고는 생각해 본 적도 없었다. 그리 유창하지 않은 일본어를 쓰면서 안 그래도 바짝 긴장하고 일하는 나에게 파견근무는 큰 부담이었다. 겨우 한 지점에서 사람들과 익숙해졌다 싶었는데 또다시 다른 지점에서 일해야 한다니! 이게 내 속마음이었던 것 같다. 한국에는 없는 낯선 시스템이었다.

일본의 모든 아르바이트에 파견 근무가 있는 건 아니지만 내가 일했던 체인점에는 존재했다. 한 달에 대략 열다섯 번을 출근한다면 많게는 다섯 번 정도를 다른 지점 파견 근무를 가야 했다. 다른 지점들은 모두 집에서 전철을 타고 가야 했다. 마음에 들지 않는 제도였다.

홀서빙 담당에서 조리 일까지 하면서 느낀 점인데 주방 안에서는 팀워크가 맞지 않으면 일이 더 힘들다. 보통 하루에 4~5시간 일하는데 물 마실 틈도 없이 주문이 밀려 들어와 패닉 상태가 되기도 한다. 일이 익숙하지 못한 신참자에게는 더 힘든 일이다. 특히 유동인구가 많은 지점에서는 일하는 사람끼리 손발이 척척 맞지 않으면 동선도 꼬이고 서로 하는 일을 헷갈려 자주 충돌한다. 손님이 끊임없이 들어오는 상황에서는 절대 주문이 꼬이거나 음식 만드는 순서가 바뀌어서는 안 된다. 그런데 파견근무를 가면 환경이 바뀌니 그곳에 적응하려면 또 새로 일을 배우는 느낌이 들었다.

하지만 어느 순간부터 이런 상황조차 익숙해졌다. 오히려 여러 지점을 오가며 만났던 동료들을 의외의 지점에서 다시 만나면 너무 반갑고 좋았다. 환경이 사람을 만드는 것일까?

파견근무를 나가면서 또 하나 새로웠던 점은 '교통비 지급'이다. 가게마다 다를 수 있지만, 보통은 교통비 전액을 지원해 줬다. 처음 신주쿠로 신입 연수를 갔을 때는 월급에 교통비가 포함되어 한꺼번에 나왔고 연수가 끝나고는 집 앞 지점으로 출근했기에 교통비를 따로 받지 않았다. 파견 근무를 나가면서부터 교통비를 다시 지원받았다.

다른 지점으로 파견근무를 나가면 퇴근할 때쯤 계산기에서 그날 쓴 교통비를 스스로 빼 가면 된다. 이것도 지점마다 다른데 근무시간대에 제일 높은 직급의 사람이 빼주는 곳도 있고 본인 스스로 알아서 가져가라고 하는 지점도 있다. 교통비를 받고 집으로 돌아갈 땐 왠지 모르게 이득인 기분이 들었다. 어차피 쓸 돈이라는 사실을 알고 있는데도 말이다!

일본은 기본적으로 일을 위한 '매뉴얼'이라는 것이 있다. 우리나라에도 물론 매뉴얼이라는 것은 존재하지만, 일본은 융통성이 없다는 생각이 들 정도로 철저하게 이 매뉴얼을 지킨다. 한국인의 눈으로 바라봤을 때는 '저렇게까지 해야 하는 거야?'라는 생각이 드는 매뉴얼 내용도 있다. 아르바이트를 시작하면서 받았던 '접객 매뉴얼 & 조리 매뉴얼'은 종이가 너덜거리도록 외우긴 외웠지만 사실 마음속으로는 '참고만 하라고 준 게 아닐까? 정말 실전에서 이런 내용이 그대로 쓰일까?'라는 생각이 있었다.

하지만 정말 실전에 들어갔을 때 같이 일하는 사람들이 매뉴얼대로 일했다. 예를 들어서 손님이 매장에 들어오셨을 때 해야 하는 말, 식권 발권기에 대해 모르는 손님이 오셨을 때 하는 말, 손님에게 자리를 안내할 때 하는 말, 테이크아웃을 원할 때 해야 하는 말 등등. 하지만 정말 '철저하다'라고 느끼게 된 것은 조리를 시작하면서부터였다.

조리 매뉴얼과 별개로 주방 일 자체에는 매뉴얼이 따로 없었지만, 암묵적으로 서로 지켜야 하는 '종이에 적히지 않은 매뉴얼'이 존재했고 다들 그것을 따랐다. 예를 들면 메인 요리사가 하는 일과 보조 요리사가 하는 일을 엄격하게 구분해 놓았다. 보조인 내가 할 일이 없고 메인 요리사가 바쁘게 일하는 경우 내가 조금이라도 도우려고 하면 '이건 내 일이니까 세영 씨는 다른 것을 하도록 해요'라고 말한다.

처음에 나는 이 상황이 잘 이해가 되지 않았다. 당장 할 일 없는 사람이 일이 많아 바쁜 사람을 돕는 것이 당연하다고 생각했는데 안 해도 된다니…. 그런데 점차 익숙해지다 보니 왜 자신의 포지션을 지키라고 하는 것인지 이해할 수 있었다. 바쁜 주방 안에서 기본 매뉴얼대로만 하면 동선이 꼬이는 일이 없었다. 상대방의 영역을 침범하지 않으면서 내 일에 집중할 수 있도록 한 것이다.

매장에서 일하며 참 좋았던 점은 4시간에 1번, 30분씩 꼭 휴식시간이 있었다. 일하는 중에 앉는다는 것은 불가능한 일이어서 나는 이 시간이 너무 기다려졌다. 보통 3시간 정도 일하고 나서 휴식시간에 들어갔다. 같이 일하는 동료들에게 이렇게 말하고 휴식 시간을 가진다.

"休憩入ります(휴식시간 들어가겠습니다)"

직원만 들어갈 수 있는 방의 계산기에 내 이름이 적힌 버튼을 누르고 '休憩(휴게)' 버튼을 누르면 몇 시부터 몇 시까지 휴식을 가지면 되는지 출력표가 나온다. 쉬면서는 절대 눈치 보이거나 하지 않는다. 사무실 겸 라커룸이 따로 있어서 편하게 쉴 수 있었다.

그리고 '마카나이まかない'라는 것이 있었는데 한국말로 하면 식당에서 제공하는 식사라는 뜻이다. 보통 휴식시간에 식사하는데 직원 할인가로 제공된다. 근무하는 동안 매장의 모든 메뉴를 맛볼 수 있는 즐거운 시간이다. 마카나이를 먹을 때도 휴게 버튼을 누르는 그 계산기로 정산하고 월급에서 식사비용이 제외된다.

어떻게 생각하면 일을 처리하기까지의 과정에서 융통성 없이 깐깐하게 일을 처리하는 것 같지만, 실제 경험해보면 효율이 꽤 높은 경우도 많다. 한국에도 있으면 꽤 괜찮을 것 같은 방식은 역시 앞에서도 언급한 '시프트 제도'이다. 사람이 아무리 계획적으로 산다고 해도 언제, 어떤 일이 갑자기 생길지 모르기에 주기적으로 나만의 스케줄을 짜서 일할 수 있다는 점은 굉장히 좋았다.

에필로그

인생은 계획한 대로 척척 흘러가지 않는다. 생각지도 못하게 기회가 생기기도 하고 뜻하지 않은 어려움이 닥치기도 한다. 일본어를 배우고 싶어서 일본학과에 들어갔지만, 국제통상학과로 전과했고 또다시 일본어를 공부하게 되었다. 생각지도 않게 일본에 가서 다양한 경험을 했다. 나에게 일본은, 그리고 도쿄는 꿈과 현실이 공존하는 공간이었다.

한국으로 귀국한 지금, 번역가라는 또 다른 목표를 이루기 위한 험난한 여정을 준비 중이다. 가보지 않은 길이지만 두렵지만은 않다. 견뎌낼 준비가 되어있고, 난 할 수 있다는 믿음이 있다. 10개월 동안의 일본 생활이 내게 준 큰 선물이다. 앞으로 펼쳐질 나의 미래에 마음이 설렌다.

외국인이라 더 좋았던 일본 워킹라이프

시에

중학생 때부터는 한국 연예인을 좋아했다. 하지만 일본에서는 학교 다니랴 아르바이트를 하랴 바빠서 음악 들을 여유조차 없었다. 그러던 어느 날, 우연히 텔레비전에서 흘러나오는 광고 음악을 듣게 됐다. 귓가에 스며드는 부드러운 음색은 일본 생활로 힘들었던 나의 마음을 포근하게 위로해 주었다. 어떤 광고였는지 기억은 안 나지만, 노래는 에그자일EXILE의 〈타다 아이타 쿠테ただ…逢いたくて 그저 만나고 싶어서〉였다. 그 노래를 듣고 EXILE이라는 그룹에 관심이 생겼고 그들이 부른 다른 노래도 자주 듣게 됐다. 자연스레 일본 음악이 좋아지고 엔터테인먼트 회사에 입사해 콘서트 기획 등 연예계 관련 일을 해보고 싶다는 작은 소망도 생겼다.

2008년 가을, 이런 소망을 이룰 기회가 찾아 왔다. 이름을 대면 모두 알만한 엔터테인먼트 회사의 취직 설명회 공고를 보고 망설임 없이 참가 신청을 했다. 설명회가 끝나고 개별 질문 시간이 있었다. 다른 구직자들과 함께 줄을 서서 차례를 기다렸다. 드디어 내 차례가 되었고 질문을 받는 인사부 부장에게 뜬금없는 자기소개를 했다.

"오늘 설명회 감사했습니다. 저는 중국에서 왔는데 중국어와 한국어가 가능합니다. 혹시 외국인도 지원 가능한가요?"

"당연하죠. 우리 회사에도 외국인 직원이 몇 명 있는데, 중국 사람도 있어요."

"그럼 혹시 OB나 OG 방문도 가능한가요?"

나의 질문에 부장님은 조금 당황하는 눈치였다. 일본에서는 자기가 입사하고자 하는 회사의 OB나 OG를 방문해 취직 활동에 관한 조언도 듣고 선배의 회사 생활에 대해서도 들을 수 있다. 여기서 OB란 'Old Boy'의 약자로 같은 대학 졸업생 남자 선배를 말하고, OG란 'Old Girl'의 약자로 같은 대학 졸업생 여자 선배를 의미한다. 일본에는 OB와 OG 방문이 가능한 회사와 불가능한 회사가 있다. 설명회를 한 회사는 불가능한 회사였다. 나도 이미 홈페이지에서 보고 알고 있었지만, 혹시나 하는 마음에 인사부 부장님에게 질문한 것이다. 다행히 부장님은 선뜻 회사에 있다는 중국인 직원을 소개해 주겠다고 하셨다. 그러면서 옆에 있던 부하 직원에게 상세한 절차를 얘기해 주라고 지시했다. 정말 기뻤다. 부장님에게 연신 고맙다는 인사를 하고 자리를 떴다. 그날, 안 되는 일도 한번 도전해 보면 가능할 수도 있고, 일본이라는 나라는 내가 노력만 하면 성장할 기회를 준다는 믿음을 가지게 되었다.

며칠 뒤, 회사 직원에게서 이메일로 연락이 왔다. 그 중국인 직원도 동의했다며 일정을 잡자고 했다. 정말 기분이 좋아서 날아갈 듯했다. OB나 OG를 만나서 다른 구직자가 모르는 내용을 듣게 되면 그건 나만의 강점이 된다. 얼마 후 날짜 약속을 하고 회사를 방문, OG를 만나게 되었다. 물어보고 싶었던 내용을 차근차근 물어봤다. 얘기를 나누고 헤어질 때쯤 OG가 지금 하는 아르바이트가 있느냐고 물었다. 없다고 하자 자신의 부서에서 아르바이트로 일할 생각이 없는지 물어왔다. 나는 얼떨떨했지만,

"기회를 주신다면 당연히 하고 싶습니다!"

라고 대답했다. OG는 바로 부장님에게 얘기하고 허락을 받았다. 꿈에 그리던 엔터테인먼트 회사에서의 아르바이트 생활이 시작됐다.

두려움 없던 20대 시절

나는 중국 동북부의 작은 도시, 옌지延吉에서 태어난 중국 사람이다. 옌지에서는 어릴 때부터 중국어와 한국어를 같이 배우고 중학교 때부터는 일본어와 영어 중 하나를 선택해서 배운다. 나는 중학 시절 영어를 선택했지만, 일본으로 유학 간 친척의 영향을 받아 일본어에도 관심이 많았다. 2002년 고등학교를 졸업할 즈음, 옌지에서는 일본 유학 붐이 일었다. 학교에 일본어 학교 학생 모집 공고가 붙은 것을 보고 본격적으로 일본어 공부를 시작했다. 6개월 동안 중국에서 일본어 기초를 배우고 2003년 4월에 일본으로 갔다.

일본어 학교를 졸업하고 대학에 입학, 학비를 모으기 위해 아르바이트를 하면서 공부했다. 처음에는 일본어가 서툴러서 일본어 실력이 아주 좋지 않아도 되는 패스트푸드 점에서 일하거나 거리에서 차茶 샘플 나눠주는 일을 했다. 그다음은 패밀리 레스토랑, 이자카야, 옷 가게 등 일본어 실력이 조금 더 필요한 가게에서 일했다. 일본어를 잘하는 편은 아니었지만, 처음부터 일본 가게에서 일하려고 노력했다. 일본에 가기 전, '최대한 일본 사람과 친해지도록 노력하고 일본 가게에서만 일하자'라고 다짐했었으니까.

처음 외국에 가면 부족한 언어 실력 때문에 같은 나라 사람과 어울리게 된다. 의사소통도 되고 비슷한 처지라 서로 의지도 된다. 정말 외로울 땐 그렇게 하고 싶었다. 하지만 그런 생활에 익숙해져 버리면 영원히 일본이라는 나라에 적응할 수 없을 것 같아 최대한 일본 문화와 일본 사람과 친해지려고 노력했다.

역시나 처음에는 일본인 친구들의 대화에 끼지도 못했다. 말이 너무 빨라서 뭐라고 하는지 전혀 알 수 없었다. 몇 개월이 지나 일본어 회화가 조금씩 늘기 시작하면서 친구들과의 대화도 자연스러워지고 일본인 친구들과도 더 친하게 되었다. 덕분인지 일본에 간 지 8개월 만에 일본어능력시험(JLPT) 1급에 합격할 수 있었고, 일본인과 편하게 대화를 나눌 정도의 일본어 수준이 되었다.

일본어가 조금 더 늘자 취업에도 관심이 갔다. 당시 20대 초반이었는데 나에게 잘 맞는 직업이 무엇인지 고민하기 시작했다. 부끄러운 얘기지만, 난 아무 꿈도 없이 일본 유학길에 올랐다. 대신 조금이라도 어떤 일에 호기심이 생기면 바로 도전했다. 어렸을 때라 두려움도 없고 매사에 긍정적이었다.

여러 일을 찾아 이런저런 경험을 해보니 내가 원하는 일을 찾는 방법도 자연스레 터득하게 되었다. 일을 찾을 때, 무작정

남과 같은 방법으로 찾지 않고 나만의 팁을 만들어 찾는 것이 더 빠르고 효율적이다. 일반적으로 타운 워크タウンワーク와 같은 구직 잡지 등 특정 매체를 통해 일을 찾지만, 구글(Google)에서 직접 검색어를 입력해서 찾는 방법도 있다. 예를 들어, '중국어 과외 일'을 찾고 싶을 때, 구글 저팬에서 '中国語 講師', '中国語 バイト' 같은 검색어를 입력해서 찾으면 빠르게 다양한 정보를 얻을 수 있다. 취업하고 싶은 엔터테인먼트 회사를 찾을 때도 구글 저팬에 회사 이름을 직접 입력해 모집 공고와 설명회 정보를 알게 되었다.

꿈에 그리던 회사에서 일하다

배정된 부서는 국제부였는데 부장님 외에 한국인 직원 1명, 중국인 직원 3명이 있었다. 중국인 선배를 따라다니며 업무를 익히기 시작했다. 처음에는 아무래도 잡일이 많아서 음반 정리, 서류 복사, 회사 업무 공부하기 등이 주 업무였다. 꿈에 그리던 회사라 매일매일 출근하면서 마음이 설렜다. 막내여서 늘 업무 시작 30분 전에는 회사에 도착했다.

대부분의 일본 회사는 업무 시작 10분 전에 출근, 하루를 시작한다. 일본은 회사뿐 아니라 면접이나 친구와 만날 때도 10

분 전에 약속 장소에 도착하기가 상식으로 통한다.

조금씩 적응할 즈음, 중국에서 오디션을 보고 트레이닝 받으러 잠깐 일본에 온 연습생들의 통역을 맡게 되었다. 일본어를 전혀 모르니 늘 함께 다녀야 했다. 노래 연습할 때도, 개인 쇼핑을 할 때도 항상 따라다녔다. 가장 힘들었던 건 노래 연습 때의 통역이었다. 음악 전문 용어를 잘 모르니 동시통역이 순조롭지 않았다. 다행히도 주변 사람들이 처음에는 원래 그런 거라며 많은 배려를 해 줘서 무사히 일정을 마칠 수 있었다.

한국인 선배를 도와 계약서 번역과 서류 작성 일도 했다. 일하면서 선배와 친해지게 되었는데, 한국어를 하는 내가 반가웠는지 현장 학습이라는 핑계로 종종 한국 연예인 콘서트나 팬 미팅에 데리고 다녀주었다. 워낙 한국 연예인을 좋아했던 나였기에 그 시간이 정말 행복했다.

엔터테인먼트 회사에서 일하면 좋아하는 연예인을 가까이에서 볼 수 있고 콘서트나 행사에 갈 기회도 많다. 단, 회사에서는 연예인이 바로 앞에 있어도 사진을 찍거나 사인을 받는 일은 삼가야 한다. 한번은 화장실에 가다가 회사 복도에서 유명한 한국 아이돌을 봤는데 그냥 아무렇지 않은 척 지나갔던 적도 있다. 마음속은 쿵쾅쿵쾅 난리가 났는데, 겉으로 표현하면 안 되니 너무 힘들었다.

항상 좋을 것만 같았던 회사 생활도 가끔 힘들 때가 있었다. 가장 힘들었던 건 인간관계였다.

하루는 부서 직원들과 회식을 했는데 회식할 때 자리 배치 규정이 있다는 것을 그날 처음 알게 되었다. 상사는 가장 안쪽에 앉고, 막내는 제일 바깥쪽에 앉아서 선배나 상사를 보좌해야 했다. 다행히 그날은 심부름을 많이 하지 않고 회식이 끝났다. 집에 가려고 준비하는 순간, 한 선배가 다가와서.

"부장님 나가시기 전에 먼저 나가서 택시를 잡고 있어야 하는 거야."

"네? 아, 네!"

택시를 잡고 기다리니 부장님이 나오고 선배가 택시 문도 열어 주었다. 그날, 사회생활이 만만치 않다는 걸 처음 느꼈다. 업무 외에 일본 직장생활 매너(일본에서는 흔히 社会人マナー, '사회인 매너'라는 단어를 사용)를 알아 둘 필요성도 느꼈다. 물론 이런 일을 하지 않아도 되는 회사도 있다. 3년 전에 일했던 컨설팅 회사에서는 오히려 내 책상의 쓰레기통만 비우고 내가 마실 커피만 타면 됐다. 회식도 많지 않았고 먼저 나가서 상사가 타고 갈 택시를 잡아줄 일은 없었다.

업무에서 가장 힘들었던 건, 일하는 시간이 불규칙하다는 점이었다. 콘서트 기획이나 드라마 촬영, 제작 등 대부분 직원은 업무가 많아 늘 막차를 타고 귀가한다. 한 중국인 선배는 드라마 촬영으로 중국에 7개월 체류했는데 그때 남편과 이혼 위기까지 갔다고 한다. 다행히 서로 이해하고 무사히 잘 지나갔지만, 이런 상황에서 회사 생활과 결혼 생활을 같이하기는 힘들 것 같았다. 알지 못했던 엔터테인먼트 업계 종사자의 현실을 보니 마음이 복잡해졌다. 젊을 때, 솔로일 때는 즐겁게 일하겠지만, 가정이 생기고 아이가 생긴다면 과연 이 일을 계속할 수 있겠느냐는 의문이 들었다. 1년 정도 아르바이트를 계속하다가 다른 일 때문에 결국 회사를 나오게 되었다.

힘든 일도 많았지만, 꿈에 그리던 회사에 들어가 하고 싶은 일을 했고 두 번 다시 없을 소중한 경험도 많이 했다. 무엇보다 원칙대로라면 가능하지 않았을 OG 방문도 내 힘으로 이루고 그 일을 계기로 직원으로 일할 수 있었다. 이 일을 하면서 자신감도 많이 생겼고 내 인생이 한 걸음 더 나아간 듯한 느낌이 들었다.

외국인이라 더 좋았던 콜센터

5년 전, 구글에서 중국어와 한국어를 사용하는 일을 찾다가 시급 1,100엔인 콜센터의 직원 모집 공고를 보게 됐다. 중국어와 한국어 등 외국어를 사용, 일본어를 모르는 외국인과 일본인 사이에서 전화 통역을 하는 업무였다. 전화로 면접 시간을 예약하고, 면접 당일에 회사에서 일반 상식 테스트와 다국어 면접을 봤다. 합격이면 일주일 후에 연락 준다는 말을 듣고 거의 반쯤 입사를 포기하고 있었다. 콜센터 경험이 전혀 없었고 지원한 회사가 대기업이었기 때문이다. 아니나 다를까 전화를 준다고 한 마지막 날 오후까지 전화가 없어서 역시 떨어졌다며 포기하고 있었는데 저녁 즈음 담당자에게서 채용됐다는 연락이 왔다. 생각지도 못한 결과라 기쁨은 두 배였다.

다국어 팀에서 일하게 되었는데 생긴 지 얼마 안 된 팀이라 처음에는 전화 일보다 곧 시작하게 될 콜센터 업무 자료를 번역하는 일이 더 많았다. 중국어뿐 아니라, 한국어, 영어, 스페인어, 포르투갈어 등 5개국 언어로 외국인 고객의 문의에 대응하는 팀이었다. 어느 정도 일을 시작할 기반이 잡히고 드디어 콜센터 업무가 시작되었다.

업무에 관해 설명하자면, 예를 들어 구청 창구에 온 외국인이 일본어를 잘 모를 때 창구 담당자가 우리 콜센터에 전화를 건다. 구청 담당자가 상황을 설명하고 외국인에게 수화기를 건넨다. 콜센터 직원은 외국인의 상담 내용을 듣고, 그 내용을 다시 구청 창구 담당자에게 통역해주고, 담당자의 답변을 다시 외국인에게 통역해 주는 식이다. 신입 직원이 이 업무를 하면 직접 통역하는 직원 외에 또 한 명의 직원이 다른 전화기로 그 대화를 듣고 통역이 정확하게 되는지, 찾아야 할 정보가 있는지를 확인한다.

전화가 많이 올 것이라는 예상과 달리 생각보다 통화량은 그다지 많지 않았다. 그래도 중국어와 한국어를 사용해 일한다는 것이 뿌듯해서 하루하루가 즐거웠다. 전화가 울리지 않아도 열심히 자료를 번역하고 공부하는 모습이 좋게 보였는지, 일본인 팀장님은 나에게 다른 업무를 도와달라고 했다. 일반적으로 그룹 책임자 외에 알면 안 되는 손익계산서를 엑셀로 작성하는 업무였다. 심장이 두근두근했다. 팀장님은 왜 아무 경험도 없는 나 같은 외국인에게 이런 중요한 업무를 맡겼을까? 얼떨떨하면서도 고마웠다. 외국인이라 해도 열심히 하는 모습을 보여주면 언젠가는 기회가 생긴다는 사실도 알게 되었다.

처음에는 모르는 것이 너무 많아서 검색하거나 팀장님께 물어보면서 일했다. 업무는 서툴러도 일하면서 업무 제출 기한은 꼭 지켰다. 기한 내에 끝내지 못할 때는 미리 팀장님에게 양해를 구해 기한을 연장했다. 그만큼 일본 회사에서 일할 때는 시간 준수가 중요하다. 그 뒤 손익계산서 업무 외의 다른 업무도 도왔다. 덕분에 손익계산서 읽는 방법을 배웠고 엑셀 지식도 늘어 그 후 다른 회사에서 일할 때도 많은 도움이 됐다. 팀장님은 회사 업무 외에도 나에게 많은 도움을 줬고 지금도 가끔 연락을 주고받는 소중한 인연이 되었다.

회사에 다니며 좋은 일만 있었던 건 아니다. 콜센터에서 일하며 눈물을 흘린 적도 있다. 나뿐만 아니라 일하던 많은 직원이 눈물을 흘리는 경험을 한다. 상사도 동료도 아닌 고객 때문이다. 가끔 전화하면 묻지도 따지지도 않고 욕설을 퍼붓는 고객이 있다. 일하면서 딱 한 번 이런 경험을 했는데 우리 팀의 업무가 아닌 다른 팀의 업무를 도와주러 갔을 때였다. 얼굴을 보지 않고 얘기하니 무서운 게 없는 건지 설문조사를 하기 위해 전화를 걸었다고만 말했는데 갑자기 입에 담기 어려운 욕을 해댄다. 다시 전화 건 이유를 얘기하고 설문조사의 취지를 차근차근 설명했는데도 역시나 다짜고짜 욕이었다.
욕이라곤 난생처음 들은 나는 놀라서 눈물이 흐를 듯 말 듯한 표정이었고 반복적인 대화를 10분쯤 하자 이상한 낌새를 알

아챈 매니저가 고객과 통화를 했다. 매니저도 같은 욕설을 30분 정도 들으면서 그냥 "申し訳ございません"(대단히 죄송합니다)라는 말만 반복했다. 당장에라도 눈물샘이 터질 듯한 내 표정을 보고 여기저기서 위로를 건네줬다. 동료의 위로 덕분에 겨우 마음을 추스르고 매니저에게 물었다.

"매니저님은 어떻게 아무렇지도 않게 전화를 받았나요?"

"이런 사람 많아서 이젠 적응이 됐어. 너무 속상해하지 말고. 신경 쓰기 시작하면 이 일 못 해."

매니저는 아무렇지도 않은 듯 덤덤하게 대답했다. 나는 그날 매니저처럼 안 좋은 상황을 해결할 수 있으며 후배를 보듬어줄 수 있는, 한층 더 성장한 콜센터 직원이 되리라 다짐했다. 마음이 조금은 더 강해진 느낌이었다.

슬픈 일이 있으면 또 좋은 일도 있기 마련이다. 가끔은 따뜻한 말을 해주는 고객도 있다. 긴 설문조사임에도 불구하고 선뜻 응답해주는 사람, 일요일인데 고생이 많다고 위로를 건네는 사람, 자신의 딸 얘기를 하면서 내가 딸처럼 느껴진다고 따뜻하게 대해주는 사람 등. 얼굴은 보지 못하지만 이런 말은 나에게 큰 힘이 됐다. 콜센터 경험을 쓴 글이 회사 창립 30주년 기념 에세이집에 선발되어 책으로도 출판되고 상금도 받았다. 그 후, 3개월마다 하는 업무 평가에서 좋은 성적을 받아 시급이 1,200엔까지 올랐다. 처음 생각과는 달리 콜센터라고 해서 늘 힘든 일만 있는 게 아니라는 걸 일을 해보고서야 알게 됐다.

에필로그

일본에서 값진 경험을 많이 했고, 가장 소중한 인연도 만났다. 2011년, 친구의 소개로 지금의 한국인 남편을 알게 됐고 3년 동안 연애했다. 2014년, 일본의 'いい夫婦の日(좋은 부부의 날)'인 11월 22일에 결혼, 신혼 1년은 도쿄에서 살았다.

2년 전 일본을 떠나 지금은 한국에 살고 있다. 나에게는 번역가라는 새로운 꿈이 생겼다. 아직은 한국에 익숙하지 않지만, 일본에서 했던 것처럼 오직 나만의 방식으로 시행착오를 거치며 차근차근 미래를 준비하고 있다.

시트콤 같은 나의 일본 회사 생활기

박현아

"え、あすまで連絡します。"(내일까지 연락드리겠습니다)

"あす?"(내일?)

그러자 면접관 3명이 풋, 하고 웃었다. 나는 あす라는 단어가 뭔지 몰라 어리둥절한 표정만 짓고 있었다. 대체 뭐지? 언뜻 생각하기에 비웃음 같을 수도 있겠지만, 그들의 웃음은 비웃음은 아니었다. 뭔가 당황스럽다는 웃음. 날 귀엽게 보는 웃음이었다.

"'あした'まで連絡します。"(내일까지 연락드리겠습니다.)

아, 그제야 알았다. あした, '내일'이라는 뜻이었다. 분명히 그날 아침, 텔레비전 일기예보에서도 あす라는 말이 나오긴 했다. 그때 잘 들어뒀어야 했는데. あす가 내일이라는 의미임을 처음 알았다. 얼마나 일본어 초짜였는지!

면접을 마치고 나와서 '잘 될까'라는 기대는 하지 않았던 거 같다. 내일이라는 기초적인 단어도 잘 모르는 한국인한테, IT 회사의 사무직 아르바이트를 맡길 것 같지 않았다. 면접 말아먹었다고 생각하며 집에 와서 맥주 한 캔을 마셨다. 웬만해선 한국 게임회사에서 일한 경험을 살려 일본에서도 IT 계열에서 일해보고 싶었는데, 워킹 홀리데이 아르바이트치고는 너무 큰 포부를 가졌던 걸까?

며칠이 지났다. 분명 내일까지 연락을 준다더니 왜 연락이 안 오는 걸까. 많이 바쁜 걸까? 이런저런 생각을 하며 1%의 기대와 99%의 포기를 하고 있던 나에게 메일이 한 통 왔다.

합격, 합격이었다. 아니 이게 꿈이야 생시야. 당장 다음 주부터 출근하라는 통지를 받고 어안이 벙벙했다. 일본어도 서툰 내가 잘 할 수 있을까? 걱정 반, 설렘 반이었다.

회사 생활 시작!

첫 출근 날, 아키하바라의 거리를 걸으며 '통장에는 비상금밖에 남아 있지 않고, 집에서 지원을 받고 싶진 않으니 나는 이제부터 이곳에서 자급자족해야만 한다! 절대로 포기하면 안 되고 버텨야 한다!'는 마음가짐으로 출근했다.

아키하바라의 높은 빌딩 한 층에 있는 회사는, 일반적으로 '일본 회사'하면 떠올리는 단정하고 얌전한 스타일의 옷을 입은 사람들이 근무하는 그런 곳이 아니었다. 한국의 게임회사와 다를 바 없이 사람들은 캐주얼한 티셔츠에 청바지 같은 자유로운 복장이었고 남자들은 염색한 장발인 사람도 많았다. 여자들도 화려한 액세서리를 자유롭게 착용하며 다녔다.

언뜻 보면 너무 자유로운 거 아닌가 싶은 분위기였는데, 그 속에서도 규칙이 있었다. 사무실에 들어갈 때는 대기실에 있는 사물함에 개인 휴대전화 보관하기 등, IT 회사답게 보안이 철저했다. 내가 맡은 업무는 계약상 자세히는 말할 수 없으나, 해외 팀으로 근무하며 일본이 아닌 해외에 관련된 서비스를 담당했다. 생각지도 못하게 영어 능력이 필요했다. 다행히도 같은 팀에 영국인과 미국인 동료가 있어서 일본어로 소통하며 도움을 받을 수 있었다.

6개월 동안 근무했는데 지금 생각해보면 일은 참 못했다. 한국어 담당으로 뽑히긴 했지만 한국어는 거의 쓸 일이 없었다. 영어를 주로 쓰며 일하는 상황을 주변 동료들이 이해해주긴 했으나, 지금 생각하면 조금 죄송하다는 생각마저 든다. '회사',

'조직'이 나와 잘 맞지 않는다는 사실도 이때 깨달았다.

지각 사건

이렇게 융통성 있는(?) IT 회사에서 있었던 일 중 하나를 말해보자면 '지각 사건'이 있었다. 사실 나는 시간 약속을 잘 지킨다. 하지만 그날은 지각을 하고 말았다. 무슨 일이 있었는지는 자세히 기억나지 않지만 그렇게 심각한 일로 지각을 한 건 아니었던 거 같다. 나는 30분 정도 출근 시간에 늦고 말았다. 처음으로 지각한 나는 괜히 웃으며 사무실에 들어갔다.

"어라, 현아. 지각한 거야?"

팀의 리더가 나를 보고 이렇게 말했다. 긴장하면 웃는 버릇이 있기에, 괜스레 실실 웃으면서 "죄송합니다~"라고 말했다. 팀의 리더는 단발에 가까운 머리를 샛노랗게 염색한 30대 중반의 남자였다. 언제나 캐주얼한 청바지를 입고 다녔다. 팀의 리더는 내 미소에 상쾌한 웃음으로 답하며 이렇게 말했다.

"지각하면 안 되지~~ 사유서 써서 내!"

사유서라니! 일본어도 잘 못 하는데 사유서를 쓰라는 날벼락 같은 지시에 나는 패닉 상태가 되고 말았다. 일단 자리에 앉아 침착하게 PC를 켜고 워드 프로그램을 열었다. 사유서. 사유서는 한자로 어떻게 쓰더라? 사유서는 어떻게 쓰는 거더라? 옆자리의 카와무라 씨에게 물었다.

"카와무라 씨, 사유서는 어떻게 쓰는 거예요?"

"현아~ 사유서 쓰게 된 거야?"

그러자 주변에 있던 팀원들이 몰려와 사유서에 대해 친절히 설명해 주기 시작했다.

"사유서라는 건, 자신이 잘못하게 된 이유와 앞으로의 마음가짐을 쓰면 되는 게 아닐까?"

내가 잘못을 하게 된 이유. 뭐가 있을까 곰곰이 생각해보니 기상 알람이 문제였던 거 같았다. 사유서에 이러한 내용을 바탕으로 알람에 대해서 글을 쓰기 시작했다.

'어젯밤에 알람(ア-ラム)을 맞추어 놓았는데 오늘 아침에 깨질 못했습니다. 이것은 알람(アラーム)이 문제가 되어 일어난 일로….'

이렇게 엉터리 일본어이지만 내 나름대로는 마음을 담은 사유서를 열심히 타이핑하여 팀원 전체에게 돌렸다. 그러자 잠시 후, 사유서를 읽은 팀원 중 한 명이 킥킥 웃으며 내게 말했다.

"현아, 알라-므(アラーム)가 문제가 되어서 일어난 일인 거야 아니면 아-라므(ア-ラム)가 문제가 되어서 일어난 일인 거야?"

나는 그때 알람의 올바른 표기는 'アラーム'라는 것을 아스(あす)에 이어 또(!) 처음 알게 되었다. 부끄러워서 어쩔 줄 몰라 하는 내게 옆자리의 카와무라 씨는

"이래서는 사유서가 너무 귀여워서 의미가 없잖아."

라고 말했다. 그래서 나는 그 자리에서 외쳤다.

"그렇다면, '도게자' 하겠습니다."

그러자 팀원들이 일제히 오오~ 하는 기대에 찬 눈빛을 보내는 게 아닌가.

팀의 리더인 무라타 씨는 "오, 현아, 도게자 할 줄 아는 거야?" 하며 놀라워했다. 마침 그 당시 일본의 예절에 관심이 있던 터라, 유튜브로 도게자에 대한 동영상을 본 적이 있었다.

"최근에 유튜브를 통해 도게자와 일본의 예법에 대해서 배우고 있어요! 올바른 도게자 방법에 대해서 본 적이 있습니다!"

그러자 그들은 더욱 기대에 찬 눈빛으로 나를 바라보기 시작했다. 기대를 저버릴 수는 없지.

나는 유튜브에서 본 대로 큰마음을 먹은 듯한 얼굴로 세 걸음 물러나 무릎을 꿇고 머리를 조아리는 자세를 취했다.

"지각해서 죄송해요!"

그러자 일제히 폭소. 사실 나도 이때 웃고 말았다. 이래서야 사유서나 도게자의 의미가 없다고 말하며 상사들도 다들 웃고

있었다. 이렇게 내 지각 사건은 마무리되었으나, 이 웃기는 상황 속에서도 다음엔 절대로 지각을 하지 말아 달라는 상사의 분명한 지시가 있었으며, 나도 웃음 속에서도 그 지시만큼은 진지하게 받아들여 다시는 지각을 하지 않으려 노력하게 되었다.

실제로 일본에서 일할 때, 지각은 참 민감한 문제다. 워킹홀리데이의 서류 작성을 도와준 유학원 직원은 내게 꼭 손목시계를 착용하라는 조언을 해주었다. 그때도 스마트폰이 있던 시절이니 핸드폰으로 시계를 보면 되지 않느냐고 반문할 수도 있지만, 그 직원은 내게 '핸드폰 배터리가 떨어지면 답이 없어요'라고 말했다. 그렇게까지 시간을 꼭 지켜야 하느냐는 물음에, '어떤 학생은 일본에서 첫 출근에 지각하는 바람에 일을 시작하기도 전에 잘렸다'라는 무시무시한 예를 들어주었다.

사실 일본뿐만 아니라 어느 나라에서나 시간 약속 지키기는 기본이지만, 일본에서 시간 지키기는 기본 중의 기본이며 상대방에 대한 최소한의 예의이자 매너다. 상대방의 재산과도 같은 시간을 배려하는 일본의 '지각 절대 금지' 문화는 마음에 든다. 이 6개월간의 사무직 아르바이트로 인해 나의 시간관념도 더 명확해졌으며, 지금은 누구보다도 시간 약속을 잘 지키는 프리랜서 번역가가 되었다.

사건의 연속

몇 달이 지나 나는 나름 회사에 익숙해졌다. 그동안에 어이 없는 몇 가지 사건이 일어났다.

회사에는 개성 넘치는 사람들이 많았는데 그중 한 명이었던 야마자키 씨. 그는 빼빼 마른 체형이었다. 나는 "아, 원래 좀 마른 스타일인가보다"라고만 평소에 생각하고 있었다. 하지만 어느 날 점심시간, 듣고도 믿기 어려운 놀라운 이야기를 접했다.

회사 근처에 인도 커리집이 있었는데, 일본식 커리가 아닌 난에 찍어 먹는 스타일로 참 많이도 먹으러 다녔다. 그날도 인도 커리집에 가자며 점심을 같이 먹는 멤버들이 자리에서 일어나는 순간, 야마자키 씨가 이렇게 말했다.

"아, 오늘은 나도 가볼까."

"아마자키 씨, 같이 가요."

팀원들은 모두 환영했다. 야마자키 씨는 정말로 얇고, 마른 사람이었다. 그가 말했다.

"그러고 보니 오랜만에 밥을 먹네요."

오랜만에 밥을 먹는다…?

나는 이 말이 이해가 되지 않았다. 보통 사람이라면 삼시 세 끼를 먹어야 한다는 가르침을 받아온 나로서는 '오랜만에' 밥을 먹는다는 것이 도대체 무슨 의미인지 알 수가 없었다. 모르면 물어봐야 한다.

"야마자키 씨, 아침 안 먹었어요?"

그러자 야마자키 씨가 말했다.

"아침은 원래 안 먹어요."

그때야 나는 '아하, 지난 저녁에 먹고 난 이후 오랜만에 밥을 먹는다는 이야기구나'라고 이해했다. 이번에는 나카무라 씨가 말했다.

"야마자키 씨, 원래 밥 잘 안 먹지? 사무실에서도 과자 같은 걸 먹는 모습을 본 적이 없어."

"네. 원래 밥을 잘 안 먹어요."

"체질상 그런 거야? 위가 안 좋은 거야?"

"많이 먹으면 위가 거북해요. 체질상 많이 먹는 게 안 좋나 봐요."

"저런, 그러면 많이 먹지 않는 편이 좋지."

나는 이 대화를 들으며 '야마자키 씨는 밥을 많이 먹으면 안 되는 체질이구나!'라고 막연히 생각했다. 그런데 그때 미카와 씨가 말했다.

"그래서, 얼마 만에 밥을 먹는 거야?"

아니, 얼마 만에 밥을 먹냐니… 그야 지난 저녁 이후로 한

끼 걸러 먹는 정도가 아니었나…? 라고 생각하고 있는데, 내 생각을 보기 좋게 배반하듯 야마자키 씨가 말했다.

"한 3일 만에 먹는 거 같아요. 3일 전쯤 점심을 먹었어요."

헉. 3일 만에 한 끼라니. 나는 엄청나게 놀라서 "3日~?!" 하고 길거리에서 크게 외치고 말았다. 세상에는 3일 만에 밥을 먹는 사람도 있구나. 이런 사람을 처음 보았기에 나는 매우 놀라고 말았다.

"현아, 그렇게 놀라워? 내게는 일상인데."

아아… 저렇게 마르고 가녀린 체형이라면 3일에 한 번의 식사도 이해가 간다. 이렇게 일상생활을 하는 사람들이 있구나… 하고 커다란 깨달음을 얻었다. 세상에는 참으로 다양한 사람이 있는 것이다. 단지 우리가 그 존재를 인식하지 못하고 있을 뿐!

그로부터 얼마 후, 나는 또 한 가지 사실을 깨달았다. 이러한 야마자키 씨를 미카와 씨가 짝사랑하고 있다는 것을.

야마자키 씨는 앞서 언급한 대로 정말 가녀리고 마른 체질을 가진 단발머리 남자였다. 그는 내게도 친절했다. 지진이 나서 사무실 15층 건물이 통째로 흔들려 무서워하고 있을 때, "현아, 내가 하던 게임을 그만두고 책상 밑으로 들어가면 그때 대피해도 돼. 그때는 정말 위험한 거야."라고 말해 주기도 하였다. 어쨌든 이렇게 다정하고 귀여운 야마자키 씨를 짝사랑하는 미카와 씨. 미카와 씨는 영어를 아주 잘했다. 역시 단발머리에 날씬한 스타일이었는데, 이런 미카와 씨가 야마자키 씨를 짝사랑한다는 사실을 우연히 나카무라 씨를 통해서 들었다. 그리고 미카와 씨에게 확인사살. 그녀는 긍정하며 야마자키 씨를 향한 마음을 숨기지 않았다.

그러던 어느 날이었다. 점심시간 휴게실. 미카와 씨와 나와 나카무라 씨, 유리 씨, 세이치로 씨 등이 모였다. 미카와 씨가 단호한 얼굴로 말했다.

"사실, 야마자키 씨에게 영화를 같이 보지 않겠냐고 문자를 보냈어."

그랬다. 전자상가로 유명한 아키하바라의 어느 IT 사무실에서는 나름의 로맨스가 꽃피고 있었던 것이었다. 일본에서 일하는 이야기를 다룬 이 두꺼운 책에서 일본 직장 내 로맨스 이야기는 한 편쯤 있어도 좋지 않겠는가? 내 파트에서는 실질적인 업무 이야기라던가 취업하기까지의 고난 과정을 말하지는 않지만, 이토록 생생한 직장생활을 얘기해 줄 수 있다. 나와 나카무라 씨는 눈을 반짝이며 물었다.

"그래서, 어떻게 됐어? 답이 왔어?"

그러자 그녀가 말했다.

"응. 영화는 별로 좋아하지 않는대."

아, 이럴 수가. 안타까운 답변을 받은 그녀를 어떻게 위로할까 하며 잠시 생각하고 있는데 나카무라 씨가 말했다.

"영화를 별로 좋아하지 않는다고? 그러면 전시회는 어때?"

유리 씨도 말했다.

"영화를 별로 안 좋아할 수도 있지. 취미가 아닐 수도 있어."

세이치로 씨도 말했다.

"영화관에 가는 걸 별로 안 좋아할지도 몰라요."

뭔가 잘못되었다는 생각이 들었다.

분명 내 생각에는 '영화를 별로 좋아하지 않는다'에는 '당신과 사적으로 만날 생각이 없다'라는 의미가 담겨 있어 보이는데, 내 주변 일본인들은 어째서 다들 순수하게 '영화를 그다지 좋아하지 않는다'라고 받아들이는 걸까? 이것이 바로 문화 차이인 걸까? 아니면 정말 그가 영화를 좋아하지 않는 것이 팩트일까? 나는 혼란스러운 상태가 되어 알쏭달쏭한 마음을 그저 조용히 숨겼다. 내가 일부러 나서서 진실을 밝힐 필요는 없지.

그 후 야마자키 씨와 미카와 씨가 어떻게 되었는지는 잘 모른다. 미카와 씨가 아르바이트로 근무하던 회사를 퇴사해 자신의 꿈인 유치원 선생님이 되었다는 소식은 들었다. 유치원 선생님이 된 이후에도 과연 야마자키 씨와 연락을 했을까? 그 둘은 어떻게 되었을까? 가끔 궁금해하며 상상의 나래를 펴곤 한다.

회사에 다닌 지 6개월 뒤에 퇴사하게 되었다. 퇴사 이유는 '귀국'. 솔직히 말해서 나는 외로움을 많이 탄다. 회사 동료들과도 사적으로 친했으나 그것만으로는 타국에서 혼자 지내는 외로움을 해결할 수 없었다. 회사를 그만둘 때, 참 감사하게도 동료들은 송별 파티를 열어주었다.

"현아, 도쿄에서 가지 못한 곳이 있어?"

라는 물음에 나는 "왕이 사는 곳!"이라고 외쳤다. 일본의 왕이 사는 궁인 '고쿄(皇居)'에 가보고 싶었다. 그러자 다들 "OK!"를 외치며 퇴근 후, 어둑어둑한 저녁에 나와 같이 고쿄에 가주었다.

비록 깜깜한 밤이라 잘 보이진 않았지만, 고쿄는 그 나름의 분위기가 있었다.

나는 일본 역사를 매우 좋아했는데, 고쿄에서는 역사 유적을 보는 재미도 있었다. 고쿄 주변을 돌아보던 중, 놀라운 장면을 보게 되었다. 고쿄를 둘러싼 참호에 정말 새하얀 백조 한 마리가 외로이 둥둥 떠 있었다. 그때 시각은 저녁 8시경. 꽤 어두운 시간에 새하얀 백조 한 마리가 참호에 떠 있는 광경은 매우 이질적이었다. 다들 웬 백조일까? 하고 어리둥절해 하던 찰나, 야마자키 씨가 인터넷 검색을 해보았다.

"아, 저건 로봇이라고 하네요!"

"……?"

말도 안 된다고 생각했다. 왜냐하면, 아무리 봐도 진짜 백조 같았기 때문이다. 정말 숨을 쉬며 털이 하나하나 살아있는 백조 였다. 하지만 야마자키 씨는 인터넷의 설명을 읽어주었다.

"고쿄의 감시카메라 같은 역할을 하는 로봇이래요."

그러자 다들 수긍이 간다면서 고개를 끄덕이는 것이 아닌 가! '아니, 여러분? 여러분? 저건 진짜 백조 같은데요!'라고 생 각했지만, 그들이 너무나도 당연하게 수긍하길래 나는 반박하 지 못했다.

참고로 이 글을 쓰면서 이 백조 로봇에 알아본 결과, 실제로 일본인들 사이에 '고쿄에 감시용 백조 로봇이 있다'라는 소문이 있는 모양이다. 어떤 소문에는 '감시용이 아니라 수질 정화용이 다'라는 이야기도 있다고 한다! 나는 절대로 이 소문을 믿지 않 으나, 실제로 이 소문은 백조 로봇을 본 사람들에 의해 퍼졌다 고 하니, 궁금한 사람들은 고쿄에 가게 되면 직접 눈으로 확인 해 보길 바란다.

도쿄에서 만난 아름다운 인연

이미진

어린 시절, 그림과 만들기를 좋아했다. 자연스럽게 디자인 학과에 입학했다. 졸업 후 2005년에는 자동차 관련 텍스타일 회사에 입사, 디자이너로 일을 시작했다. 그해 가을, 일본 출장 길에 도쿄 모터쇼를 둘러봤다. 모터쇼에서 새롭게 출시되는 디자인과 컬러를 조사하며 즐거운 시간을 보냈다.

숙소인 니혼바시 호텔로 돌아가는 지하철역, 우연히 자동차 디자인 학교의 광고판을 보게 되었다. 순간, 가슴이 뛰었다. 1년 남짓 짧은 기간이었지만 즐겁고 배울 것 많은 회사 생활이었다. 하지만 내가 알고 있는 전문 지식이 부족하다는 생각에 마음 한 켠이 항상 허전하고 뭔가 채워지지 않은 느낌이었다. 자동차 디자인을 정식으로 배우면 좀 더 멋진 디자인을 할 수 있으리라는 확신이 들었다.

일본 출장길, 우연히 마주친 광고판은 나를 새로운 길로 이끌었다. 한국으로 돌아와 일본 유학과 자동차 디자인 학교 입학 정보를 수집했다. 목표는 2007년 3월 정규대학 입학이었다.

넉넉한 집안 형편도 아니었고, 겨우 1년의 직장 생활로 유학비는 턱없이 부족했다. 그래도 우물쭈물하다가는 늦어 버릴 것 같아 밀어붙이기로 했다. 마음을 다잡았다. 서른 살이 되기 전에 해야 한다는 생각이었다.

지금 생각해보면 유학 생활에 대해 너무 몰라서 대담했던 것 같다. 일본어도 전혀 모르는 상태로 공부하고 싶다는 열정만 가지고 2006년 7월 일본유학길에 올랐다. 1년 동안 직장생활로 모은 천만 원이 유학 자금의 전부였다. 6개월 어학원 비용과 기숙사비를 내고 나니 수중에 300만 원이 남아있었다. "설마 굶어 죽기야 하겠어!"라는 무모한 생각을 품고 나의 일본유학 생활은 시작되었다.

드디어 도쿄다!

2006년 7월의 도쿄는 무덥고 습했다.

처음에는 기숙사에서 살았다. 일본어 실력이 부족하고 정보도 돈도 부족하다면 기숙사에서 일본 생활을 시작하는 것도 좋다. 기숙사 친구들에게 일자리 정보를 얻기 쉽다는 장점이 있고 귀국하거나 다른 지역으로 이동하는 친구들이 자신이 일하던 곳을 소개해 주기도 한다. 무턱대고 일자리를 구하기보다는 먼저 일을 한 선배들이 추천해 주는 가게가 일하는 여건이 더 좋다. 기숙사는 혼자가 아니니 무섭거나 외롭지 않아서 좋기도 했다.

일본어 실력이 좋은 유학생들은 집도 직접 구하고 아르바이트도 쉽게 구하는 것 같았다. 일본 유학생은 학생비자라도 합법적으로 일을 할 수 있다. 주당 20시간을 넘지 않으면 문제가 되지 않는다. 나도 유학자금이 넉넉하지 않았기에 이런 장점을 보고 일본유학을 선택했다. 일본어 실력이 좋을수록 더 쉽고 편안한 일자리를 구할 수 있다. 많은 유학생이 일본어 향상을 위해 일본 사람들과 대화하며 일하는 아르바이트를 선호한다. 나도 좋은 일자리를 얻기 위해서는 일본어 실력을 쌓아야 했다.

일본어 학원에서 매일 한자 테스트, 단어 테스트, 레벨테스트가 있어서 열심히 하다 보니 일본어 실력은 나날이 늘었다. 한국에 있을 때는 그렇게 외워지지 않던 히라가나와 가타카나를 일본에 도착한 주말에 다 외웠다. 역시 외국어는 그 나라에 가서 생존 외국어로 배워야 머리에 쏙쏙 잘 들어온다. 고물 중고 TV를 한국 돈으로 3만 원에 사서 매일 드라마를 보며 일본어 공부를 했다. 하지만 일본어로 일을 하기엔 여전히 자신이 없고 두려웠다.

첫 아르바이트

일본 생활도 3개월 차에 접어들어 한 학기 수업이 끝나갈 무렵이었다. 남아있던 돈이 바닥 난 상태라 고정 아르바이트가 절실했다. 초급 일본어 수준도 안 되니 하루에 4시간 이상 하는 아르바이트는 구할 수조차 없었다.

교재를 펴보면 아는 단어가 하나도 없을 정도로 형편없는 일본어 실력이었다. 예습과 복습을 안 하면 수업 진도도 따라갈 수 없었다. 학교 숙제와 테스트로 하루 4시간 이상은 공부해야만 했다. 2007년 봄에는 내가 원하는 도쿄 커뮤니티 아트 스쿨 (Tokyo community art school)의 자동차 디자인과에 입학도 해야 했다. 시간도 돈도 부족한 생활이 이어졌다.

2006년 도쿄의 평균 아르바이트 시급은 800엔에서 1,000엔 사이였다. 한국 학생 중에는 시급 750엔을 받으면서, 하루에 4시간 정도 야채공장에서 야채 다듬는 일을 하는 친구들도 있었다. 냉장고처럼 추운 곳에서 야채를 다듬고, 손이 부르트고 거칠어지는데도 저임금을 받았다. 시간도 체력도 없던 나는 그런 아르바이트조차 못 하고 생활비 걱정에 우울한 나날을 보내고 있었다.

그러던 어느 날, 기숙사 옆방 동생이 좋은 제안을 해주었다. 이 친구가 형제 사이인 한국인 여자 초등학생 두 명과 유치원생인 남자아이에게 한국어와 피아노를 가르치고 있었는데 이 집에서 미술과외 선생님을 찾고 있다고 했다. 일주일에 네 번, 한국어 수업이나 미술 수업을 하루에 2시간씩 하고 시급은 1,500엔이었다. 같은 반 친구들이 하는 시간당 750엔 아르바이트와 비교하면 금액이 두 배나 되는 고액 과외였다. 놓칠 수 없는 자리였다.

다음날 어학원이 끝나고 당장 전화를 했다. 인자한 아주머니의 목소리가 흘러나왔고, 면접을 보러 그날 저녁에 삼 남매네 집으로 가게 되었다. 조금은 까칠해 보이는 첫째와 귀여운 둘째, 딱 보기에도 개구쟁이 막내 남자아이가 밥을 먹고 있었다.

아주머니는 식사했냐는 말과 함께, 카레를 너무 많이 했다면서 같이 밥을 먹자고 하셨다. 저녁을 함께 먹으며 면접이 시작된 것이다.

한국음식점을 세 군데 운영하며, 3개월 뒤에는 4호점도 개업할 계획이라고 하셨다. 집과 가장 가까운 곳이 1호점인데 아주머니는 주로 1호점 가게 일을 하며 아이들을 챙기고 있었다. 삼 남매가 어려서 저녁에 아이들을 가르치면서 같이 있어 줄 과외선생님을 찾는다고 하셨다. 다행히 면접을 잘 통과, 드디어 일본에서의 첫 아르바이트가 시작되었다.

월요일부터 목요일, 오후 6시부터 8시 반까지가 아르바이트 시간이었다. 어학원 수업이 오후 1시부터 5시여서 수업이 끝나고 여유롭게 아이들을 가르치러 갈 수 있었다. 자전거로 30분 정도 되는 거리였고, 항상 10분 전에 도착해서 수업했다. 처음 내가 받은 과외비는 6만 엔 정도였다. 일본에서 처음 벌어본 큰 돈이었다. 가끔 가게가 바쁘면 9시까지도 아이들과 함께 있어 주었다. 그럴 때마다 아주머니는 미안해하시며 잡채나 한국 음식들을 포장해 주셨고, 과외비에 조금씩 돈을 더 넣어 주셨다.

학교 적응기

우연히 좋은 아르바이트 자리를 얻어서 급한 불은 끌 수 있었다. 일본어 어학원의 2006년 가을 학기가 시작될 무렵에는 진학하고자 했던 학교에서 합격통지도 받았다. 외국인 장학금도 받았기에 합격의 기쁨은 더 컸다.

일본 학교는 외국인에게 장학혜택이 많다. 내가 입학한 2007년도에는 학교에 외국 유학생이 많아서 모든 외국인이 장학 혜택을 받을 수는 없었다. 나는 학교에서 주최하는 행사에 자주 참여해서 장학금 정보와 입학 정보를 꾸준히 얻었고, 조금 일찍 입학신청을 했다는 이유로 입학금도 지원받을 수 있었다.

지금 생각해보면 일본에서 모든 일이 순조롭게 잘 풀렸던 것 같다. 한화로 100만 원이 조금 넘는 입학금을 장학금으로 해결했고, 삼 남매네 가게에서는 직원용 기숙사인 원룸을 월세 6만 8,000엔에 사용할 수 있게 배려해 주었다. 보증금(대부분 6개월 정도의 월세)도 따로 받지 않았다. 냉장고와 세탁기도 이미 있었고, 가게에서 사용하다가 남은 식탁과 그릇, 작은 서랍까지 챙겨주셨다. 입학과 동시에 과외 아르바이트하는 집도 삼남매네 한 집에서 세 집으로 늘어났고, 가르치는 아이들은 총 7명으로 늘어나게 되었다.

학교 수업은 대부분 아침 9시부터 시작해서 저녁 늦게 끝났다. 직업전문학교의 장점이라면 현직 교수들이 강의하기에 현장실습을 하듯 수업이 진행된다. 저녁 6시 이후에 수업을 시작, 밤 9시가 다 되어 끝난 적도 있었다. 토요일에도 수업이 아침 일찍부터 시작되어 오후 5시가 되어서 수업이 끝났고, 수업이 없는 날에도 과제를 해야만 했다.

1학년 때는 기초적인 데생부터 정밀묘사, 석고 만들기 등을 배운다. 학교에 입학하면 기초 선 그리기부터 배우는데 가끔 토요일에는 미술관이나 동물원에 가서 동물을 보고 스케치하고, 찰흙으로 모양 만들기도 했다. 컴퓨터 관련 기초 지식으로 워드, 엑셀, 파워포인트도 배우고, 일러스트레이션과 포토샵과 같은 전문적인 디자인 프로그램도 배웠다. 외국인 학생들은 일본어 수업까지 들어야 했기에 항상 시간이 부족했다.

2학년과 3학년 때는 자동차 관련 스케치와 자동차 디자인 전문프로그램인 ALIAS 자동차 디자인에 최적화된 소프트웨어 프로그램의 한 종류를 배우며 하루하루가 발표와 테스트였다.

2학년이 되면서는 선배들의 프로젝트에도 참여해서 더 바쁘게 지냈다. 대부분의 학생은 2학년 여름방학부터 자동차회사의 인턴십을 시작한다. 자동차회사는 학생들의 포트폴리오를 검토하고 테스트를 해서 전 세계에서 10명 안팎의 학생들을 뽑아 인턴십을 진행한다. 나 또한 닛산(NISSAN) 인턴십에 뽑혀서 프로 디자이너에게 직접 스케치를 배웠다.

2007년과 2008년에는 세계금융위기로 갑작스러운 인턴십 취소와 취업계획 축소가 있었다. 동기들과 나에게는 악재였다. 외국인 학생들은 비자 문제도 있었다. 많은 한국 학생들이 학교를 1년 더 다니거나 한국으로 돌아갔다. 귀국하는 외국인 학생도 많았다. 다들 열심히 공부하고 생활했지만, 세계적인 경제 위기에는 속수무책이었다.

내가 입사하고 싶었던 회사도 신규 채용을 하지 않았다. 다른 회사에 합격했지만 가지 않았고 그사이에 인턴십도 했다. 원하는 회사 입사를 위해 아르바이트를 하며 계속 취업 활동을 했지만 결국 2011년 3월 11일 동일본 대지진을 계기로 한국으로 귀국하게 되었다. 지금 생각해도 아쉬움이 남는다.

에필로그

일본에 갔던 2006년 가을부터 귀국하기 전까지 줄곧 아이들을 가르쳤다. 아이들과 야구경기도 함께 가고 장래희망이 디자이너였던 아이와 미술 전시관도 같이 가고 취미 생활도 함께 하는 등 많은 추억을 쌓았다.

남편도 내가 과외 하던 집에서 소개해 주어서 만나게 되었다. 학교 입학식 날 소개 받아서 3년을 사귀고, 2010년에 결혼했다. 남편은 일본에서 IT 관련 일을 하고 있었다. 회사에서 마련해 준 기숙사가 우리 학교 바로 앞 맨션이었다. 가끔 등굣길에 만나서 아침도 같이 먹고, 수업이 끝나는 시간에 만나서 저녁을 같이 먹기도 했다.

26살부터 시작한 힘든 유학 생활 내내 아이들은 때로는 친구였고 가족이었다. 가끔은 아이들이 어떻게 지내고 있는지 궁금하다. 갑작스러운 대지진으로 제대로 인사도 못 하고 한국에 돌아와서 못내 아쉬움이 남는다.

한국에 돌아온 지도 벌써 7년이 지났다. 멋진 대학생이 된 아이도 있을 것이고, 입시와 씨름하는 아이도 있을 것이다. 정이 많았던 어머님들과 아이들의 순수한 모습에서 참 많은 것을 배우고 느꼈다.

한국에 돌아와 한화생명에서 교육담당자가 되고 싶었을 때, 아이들을 가르쳤던 경험이 있었기에 도전할 수 있었다. 나보다 나이 많은 분들 또는 어린 자녀가 있는 교육생과 함께 소통하며 지금까지 일을 잘 할 수 있었던 건 일본유학 시절 어머님, 아이와 많은 소통을 했기에 가능했다고 생각한다.

자동차를 좋아하던 개구쟁이 남자아이들과 미술을 유난히도 좋아했던 아이들, 그 아이들 덕분에 지금도 초중고 직업체험 프로그램에서 자동차디자이너 강사 일을 하고 있다.

처음 일본에서 과외를 시작했을 때는 일본어를 공부하러 와서 한글 과외를 하는 내 모습에 우울해하기도 했다. 하지만 생각을 바꾸어서 아르바이트라고 생각하지 않고, 아이들의 꿈과 목표를 함께 공유했다. 아이들을 가르치는 방법에 대해 연구하고 끊임없이 발전시켰다.

어렵고 힘들었던 나의 일본 유학 생활에 큰 힘이 되어 준 아이들과 아이들의 부모님에게 감사하다는 말씀을 꼭 전하고 싶다.

Part 2

일본 취업을 알려주마!

: 진격(進擊)의 일본 취업

사회 초년생의 일본 IT 취업 도전기

이소정

"메일 봤어? 카토 상이 '인간독' 때문에 오늘 하루 쉰대."

같은 팀원이자 동기인 L 상이 출근과 동시에 인사를 건네며 말했다.

'인간…독? 그건 또 뭐람….'

일본은 지각에 상당히 엄격한 나라지만, 우리 회사에서 이런 룰을 독단적으로 깨버린 사람이 있었으니 그가 바로 내 인생 첫 직장 상사였다. 일상적으로 오후에 출근하던 독특한 사람인지라 놀라울 것도 없었지만, 오전부터 보고할 것이 산더미였던 나는 순간적으로 신경질이 났다.

"맨날 담배에 커피랑 콜라를 물처럼 마시더니 몸에 진짜 독

(毒)이라도 퍼진 거야?”

농담 반 진담 반으로 볼멘소리가 절로 튀어나왔다.

“응? 아니, 그게 그 독이 아니잖아?”

옆에서 가만히 듣고 있던 일본인 동료 Y 상이 날 보며 피식 웃었다.

‘뭐야, 왜 웃지?’

“일본에서는 건강검진을 인간독(人間ドック)이라고 한대. 웃기지?”

친절한 한국인 동기 L이 설명을 보탰다. 알고 보니 기본 건강검진은 계약된 병원에서 의사가 출장을 나와 회사에서 진행하고, 만 30세 이상은 정밀 검진을 직접 병원에 가서 받는단다. 일본도 건강검진 자체가 법적 의무인데, 인간독은 본인이 검사항목을 정하고 회사와 연계된 병원으로 간다.

건강검진이 일본어로 ‘인간독’이라는 것을 그때 처음 알았다. 인간독이라는 말을 듣고 건강검진을 떠올릴 사람이 몇이나될까? 정말이지 일본어는 알다가도 모르겠다. 이 재미있고 특이한 단어는 그날로 내 머릿속에 각인되었다.

어느덧 10년, 고단하고 힘든 날도 많았지만, 일본에 관한 모든 것이 새롭고 즐거웠던 신입 시절의 기억은 지금도 손에 잡힐 듯 생생하기만 하다.

취업이라는 커다란 관문을 앞두고 다들 스펙 쌓기에 여념이 없었던 2007년, 나는 무언가에 단단히 홀린 듯 독학으로 일본어 공부를 시작했다. 인터넷에서 우연히 접한 일본 드라마가 내 인생을 이렇게 바꿔놓을 줄은 꿈에도 몰랐다. 이런 게 바로 운명이라는 걸까? 누가 시킨 것도 아니고 당장 필요한 것도 아니었지만, 공부에 흥미가 없던 내게 일본어만큼은 놀라울 정도로 재미있었다. 취미처럼 즐기다 보니 점차 실력도 늘었고, 일본어와 일본에 대해 알고 싶다는 갈망이 커지며 일본에 가고 싶다는 생각도 걷잡을 수 없이 커져 버렸다.

'힘들게 배운 일본어를 이대로 썩히긴 너무 아까워. 일하면서 쓸 수는 없을까?'

일본에서 유학하고 현지에 취업하는 방법도 있었지만, 유학 자금 때문에 부모님께 부담을 드리긴 싫었다. 고민을 거듭하며 일본으로 갈 방법을 알아보다 눈에 띈 것이 바로 '일본 IT 취업'이었다. 마침 당시에 한국인을 채용하는 일본 IT 기업이 꽤 많았고, 한국에서도 일본 IT 취업 붐이 일던 시기였다. 나는 대학에서 컴퓨터 공학을 공부하고 있었다. 일본의 IT 기업이 원하는 인재는 프로그램 개발자였다.

'그래, 바로 이거구나!'

당시에 한국에서 일본으로 취업하는 방법이 몇 가지 있었는데, 정리하면 다음과 같다. 이 방법은 지금도 크게 다를 것 같지 않다.

- 한국 취업 사이트에 올라오는 해외 취업 공고를 통해 지원하는 방법
- 일본 IT 취업 연계 프로그램에 등록하여 취업 기관의 도움을 받는 방법
- 한국에서 열리는 해외 취업 및 일본 취업 박람회에 참가하는 방법
- 일본으로 건너가 현지에서 일자리를 찾는 방법

한국에서 알아보는 데는 한계가 있다고 생각했지만 일단 가장 쉬운 방법인 한국 취업 사이트부터 살펴봤다. 역시나 일본에 있는 한국계 회사가 대부분이었다. 굳이 일본까지 가서 한국인 사장과 한국인 사원들로 구성된 보통의 한국 회사에서 일하고 싶지는 않았다. 이런 이유로 한국계 회사는 취업 대상에서 제외되었다.

물론 한국계 회사라고 일본인 직원이 없는 것은 아니며, 일본계 회사라고 한국인 직원이 없는 것은 아니지만 좀 더 다양한 경험을 위해 일본계 회사를 지원하려고 마음먹었다. 스카이프를 통해 화상 면접을 본 일본 회사도 있었지만, 기반이 탄탄하지 못하거나 조건이 열악한 곳이 많아서 생각보다 회사의 선택

범위가 좁았다.

결국 '일본 IT 취업 연계 프로그램에 등록하여 취업 기관의 도움을 받는 방법'을 이용, 한 취업 기관을 통해 일본 기업 세 곳에 지원할 수 있었다. 이력서는 반드시 일본 기업에서 요구하는 양식에 맞춰 작성해야 했는데, 자기소개서보다는 보유한 기술 및 대학에서 수행했던 프로젝트를 중심으로 채워 넣었다. 취업 기관을 통해 별도로 첨삭 지도도 받고, 차근차근 일본어 면접을 준비했다.

일본의 채용 시스템이나 이력서 작성법 등에 대해 전혀 몰랐다가 일본 취업을 연계해주는 기관의 도움을 받아 취업 활동을 진행하면서 '사전 정보나 지식 없이 무작정 지원만 한다고 될 일이 아니구나'라고 절실히 느꼈다. 그렇게 한국에서 일본 회사 면접을 보게 됐고, 운 좋게 세 군데 중 가장 가고 싶었던 회사에 채용되었다.

내가 취업할 때만 해도 인문 비자와 기술 비자로 나뉘어 있었지만 지금은 취업 비자로 통합되었다. 일본에서 IT분야에 종사할 경우 기술직으로 분류되고 비자 자격요건이 있다. 문과생이라면 정보처리기사 또는 정보처리산업기사 자격증이 꼭 필요하지만, 공대를 나왔고 영문 졸업장 전공명에 '엔지니어링(Engineering)'이 들어가면 정보처리기사나 정보처리산업기사 자격증이 없어도 대부분 비자를 받을 수는 있다.

가장 확실한 방법은 자격증이기에 일본의 IT 기업에 들어가고 싶다면 미리 따 두는 것이 좋다. 당시에 나는 정보처리기사 자격증이 없어서 혹시 비자 신청이 거부될까 조마조마했었다. 재류 자격 증명서를 기다리며 맘 졸였던 당시를 생각하면 지금도 아찔하다. 우여곡절 끝에 3개월 만에 비자가 나왔을 때의 짜릿함 또한 말로 다 표현할 수 없지만 말이다.

'드디어 첫 사회생활을 꿈에서도 그리던 일본에서 시작하게 되는구나!'

하지만 기쁨도 잠시, 입사를 앞두고 준비할 일이 많았다. 당장 집도 구해야 하고, 외국인 등록증은 어디서 만들며, 계좌 개설은 어떻게 하면 되는지, 인터넷 설치와 휴대전화 개통은 또 어떻게 해야 하는지 등을 생각하니 머리가 터질 것 같았다. 입사일이 다가올수록 하루하루가 긴장과 떨림의 연속이었다.

'실무 경험도 없는 내가 과연 일을 잘할 수 있을까?'

'완벽하지 않은 일본어 실력 때문에 무시당하거나 문제가 생기지는 않을까?'

외국에서의 직장 생활은 나에게 첫 사회생활이자 독립이기도 했다.

드디어 입사 일주일 전.

일본에 한 달 정도 일찍 가서 현지 적응 기간을 가졌다. 일본에서 거주할 집을 구하려면 보증인이 필요한데, 보통은 월세 일부를 내고 보증 회사를 이용한다. 보증 회사는 일본 부동산에서 연계해 주기에 한국에서는 계약하기가 힘들고, 무엇보다 방을 직접 보고 고르는 것이 좋을 것 같았다. 우선 단기로 머물 곳을 한국에서 구한 뒤 일본에 들어왔다. 월세가 비쌌지만 가구와 생활필수품들이 기본적으로 갖춰진 먼슬리 맨션에서 한 달만 생활하기로 했다.

도전의 연속, 신입의 하루

내가 입사한 회사는 도쿄에 있는 IT 기업이었다. 한국에서 일본으로 IT 취업을 하면 대체로 파견 업체가 많은데, 내가 입사한 회사는 위탁 개발 업무 외에도 자체 개발과 IT 컨설팅 업무까지 함께 하고 있었다.

함께 입사한 동기 중 일본인 신입 사원들을 제외하면 한국인은 나까지 총 8명이었다. 외국인 신입 중에는 중국인도 다수 있었다. 회사 생활에 대한 설명을 듣고, 개인 노트북과 사원증을 발급받고, 필요한 서류를 작성해서 제출하다 보니 첫날은 정신없이 지나갔다.

나를 비롯한 신입 사원들은 입사와 동시에 3개월 동안 신입 연수를 받았다. 신입 연수 과정은 실무에서 활용 가능한 업무 스킬을 익힐 수 있는 개발 테스트 과제 미션과 비즈니스 매너 수업, 업무 종료 후에는 외국인 사원을 대상으로 2시간 동안 진행되는 비즈니스 일본어 교육으로 이루어져 있었다.

신입답게 당시의 나는 열정과 의지가 넘쳤으나, 3개월의 연수 과정은 생각보다 만만치 않았다. 우리는 연수 진행을 맡은 선배들의 지시에 따라 실무에서 자주 쓰는 프로그램들을 세팅하고 과제를 받은 뒤, 주어진 기간 동안 하나의 프로그램을 만드는 미션을 수행해야 했다.

똑같은 결과물을 만들지만 설계하고 코딩하는 과정이 각자 다르기에 선배에게 1대 1로 평가받고, 미흡한 점과 어떤 점을 보강하면 좋을지에 대한 조언을 들었다.

배우긴 했어도 아직 코딩이 서툴렀던 나는 이 첫 관문을 통과하는 데도 꽤 애를 먹었다. 이 과정에서 같이 고생한 동기들은 내게 큰 힘이 됐다. 신입 연수는 본사에서 진행됐지만 연수가 끝나면 각자 다른 부서로 배정받고, 배정되는 팀에 따라 본사에서 계속 근무하거나 고객사로 위탁 업무를 나갈 수도 있었다. 따라서 부서가 배정되기 전까지는 동기들과 늘 함께였다.

비즈니스 매너 수업은 우리보다 한 기수 위인 선배들의 도움을 받는데, 전화 응대 및 이메일 매너, 고객 접대, 명함 교환 같이 가장 기본적이고 필수로 알아야 할 업무 위주로 배웠다.

단순히 자료와 말로만 배우지 않고, 선배들과 직접 상황극을 만들어서 실제로 어떤 상황에 부닥쳤을 때 대처하는 방법을 익혔다. 때로는 오글거리는 상황이 연출되기도 하고, 아직 익숙지 않은 비즈니스 일본어를 쓰려니 다들 혀까지 꼬여서 웃음보가 터지는 일이 다반사였다.

하루는 전화 받는 업무를 직접 해 보도록 선배들이 신입 사원들이 앉은 책상으로 실제 업무상 온 전화를 돌려준 적이 있다. 전화는 두 번 내지 세 번 이상 울리기 전에 받아야 하고, 잘못 알아들었을 때도 세 번 이상 되묻는 것은 실례이니 삼가야 한다는 점, 우리 회사 직원을 지칭할 때는 내게 상사더라도 이름 뒤에 '상'을 붙이지 않아야 한다는 점 등 일본의 비즈니스 전화 매너는 은근히 까다롭기에, 우리는 그날 누가 전화를 받게 될지 몹시 긴장한 상태로 업무에 임했다. 마침내 전화벨이 울렸고, 서로 눈치만 살피다 손사래를 치며

"L 상이 받아요!"

"아니, H 상이 받아요!"

"자, 그럼 K 상이…"

울려대는 전화기를 앞에 두고 서로를 배려하는 뜨거운 동기애를 과시했던 우리. 결국, 망설이다 가장 나이가 많은 S 군이 용기 내어 전화를 받았다. 모두 숨죽이고 S 군의 전화 실전 응대에 귀 기울였다. 긴장한 나머지 말도 더듬고, 점점 모기처럼 작아지는 S 군의 목소리!

클라이언트의 전화였는데 회사명을 알아듣지 못해 두 차례되묻다가 결국 제대로 메모를 하지 못한 S 군은 지켜보던 선배에게 간절한 눈빛으로 SOS를 보냈다. 낄낄대던 동기들 표정에서도 웃음기가 싹 사라졌다. 저게 내 모습일 수 있다고 생각하니 눈앞이 캄캄하고 아찔했다.

선배들은 처음이라 그럴 수 있다며 이해해 주었지만, 이렇게 우리의 첫 전화 응대 업무 도전은 허무한 실패로 끝났다. 풀죽은 S 군 때문에 덩달아 다운된 우리는 비즈니스 일본어의 중요성을 이날 다시금 깨달았다. 이제부터는 정말 모든 것이 다 실전이라는 것이 피부로 와 닿는 하루였다.

연수 기간에는 하루 업무가 끝나면 오늘 한 일에 대해 보고하는 '일보日報'를 반드시 작성했다. 회사에서 신입 사원에게 마르고 닳도록 강조한 것이 있는데 그것은 바로 '報·連·相(호렌소)'라는 말이다. 일본에서는 '報告(보고), 連絡(연락), 相談(상담)'의 앞글자를 따서 일본어로 '시금치'라는 뜻의 '호렌소'라는 단어로 기억하기 쉽게 부르고 있다. 이 세 가지가 일본 회사에서만 중요한 요소는 아니겠지만, 일본에서는 특히 보고를 중요하게 여기므로 절대 혼자 판단해서 일을 진행하면 안 된다. 특히 신입이라면 더더욱 조심해야 할 부분이다. 매일 작성하는 일보도 이러한 '보고'의 한 형태였다.

일보 작성을 마친 후에는 비즈니스 일본어 수업이 우리를 기다리고 있었다. 일본어 수업은 한국 직원뿐 아니라 중국인 직원도 함께 참여했다. 두 명씩 짝을 이뤄 전화 응대법을 연습하거나 업무 메일에서 자주 쓰는 표현 등을 배웠다. 비즈니스 일본어는 생각보다 복잡하고 어려웠지만 재미있기도 했다. 이때 배운 표현들은 실전에서 폭넓게 활용할 수 있었고 지금까지도 유용하게 사용하고 있다.

우리 회사에는 매주 월요일 오전에 본사에 근무하는 사원들이 돌아가며 전 사원 앞에서 3분간 자유 주제로 발언하는 '3분 스피치' 시간이 있었다. 신입인 우리도 예외는 아니어서 내 차례가 되면 늘 긴장 상태로 무슨 말을 할지 고민했다. 주제는 아무래도 상관없었지만 3분이라는 시간을 채우는 건 쉬운 일이 아니었다.

하다못해 나는 "일본에 와서 처음 바퀴벌레를 보고 쇼크를 받았습니다. 도대체 일본 바퀴벌레는 왜 이렇게 큰 건가요? 바퀴벌레 퇴치법에 대해 잘 아시는 동료와 선배님들 계시면 제발 저 좀 도와주세요!"같은 내용의 싱거운 스피치로 사원들을 웃게 한 적도 있다. 사람들 앞에 나서서 말하기가 영 익숙지 않은 나였지만 지나고 보니 이때의 3분 스피치 경험은 내 일본어 실력과 자신감 향상에도 크게 도움이 되었다.

본래 한국인들이 똘똘 뭉치는 습성이 있지만, 우리도 예외는 아니었다. 퇴근할 때는 보통 자기 자리에서 주변 동료나 선배들에게 먼저 가보겠다는 인사를 가볍게 하고 나오면 되지만, 국적을 불문하고 당시 함께 입사했던 우리 회사의 모든 신입 사원들은 마치 경쟁이라도 하듯 하나같이 문 앞에 서서 아주 커다란 목소리로 모두에게 퇴근 인사를 했다.

신입 사원 환영식에서 목청껏 "宜しくお願いいたします。(잘 부탁드립니다)"를 외쳤던 우리는 퇴근할 때도 매일 함께 나란히 서서 "お疲れ様でした。お先に失礼します!(수고하셨습니다, 먼저 가보겠습니다)"를 외치고 퇴근했다. 굳이 그렇게 할 필요는 없었는데 지금 생각하니 부끄럽긴 하다. 동기들과 같은 시간에 퇴근할 수 있는 유일한 기간이기도 했고, 우습지만 일본인들에게 한국 신입의 패기 같은 걸 보여주고 싶었던 것도 같다.

신입 시절에 겪는 고충은 일본이나 한국이나 크게 다르지 않을 것이다. 준비를 많이 한다고 해도 현실적으로 한국에서보다 넘어야 할 산이 더 많다. 그런데도 일본에서 일하기로 마음먹었다면 무엇보다 일본어만큼은 확실하게 준비하는 편이 좋다. '외국인이니까 적당히 이해해 주겠지'라는 안일한 생각은 반드시 버려야 한다. 다른 나라도 마찬가지겠지만, 일본에서 일하는 이상 일본어 실력은 아무리 강조해도 지나치지 않다.

기술직이 아닌 분야에서 더 높은 수준의 일본어를 요구하는 것이 사실이지만, 기술직이라고 일본어가 덜 중요한 것은 결코 아니기 때문이다. 일본어 실력이 부족하다고 일본에서 일을 못하는 건 아니지만, 일본어를 잘할수록 더 좋은 기회를 잡을 확률도 높아진다.

한국에 악덕 기업이 있다면 일본에도 불합리하게 노동착취를 일삼는 이른바 '블랙 기업'이 있어서 사회적으로 큰 문제가 되고 있다. 더 나은 노동 환경과 급여 수준을 기대하고 갔다가 한국에서보다 못한 대우를 받고 고생만 하다 돌아오는 한국인도 주변에서 많이 봤다. 그만큼 일본어 실력은 좋은 회사를 알아보고 판별하는 데도 큰 도움이 된다.

일본에서 일하며 사는 것도 한국에서와같이 마냥 달콤하지만은 않다. 어쩌면 상상하는 것과 전혀 다를 수도 있다. 그러나 준비만 철저히 한다면 인생에서 충분히 투자해볼 가치 있는 도전인 것만은 분명하다.

일본에서 회사원으로 살아가기

한국이 아닌 일본에서 일해보고 싶다면 한국과 일본 회사가 어떻게 다른지가 가장 궁금할 것이다. 한국 회사에서 근무해 본 적이 없는 나는 일본 회사를 기준으로 비교할 수밖에 없지만, 경험을 바탕으로 느낀 몇 가지를 이야기해 보고자 한다.

파티션 없는 사무실

우선 기업의 규모를 막론하고 대부분의 일본 회사는 한국과 달리 자리에 파티션이 없다. 즉, 아무리 간 큰 사람이라도 근무 중에 딴짓하면 훤히 보일 수밖에 없는 환경이다. 드물게 파티션이 있기도 하지만, 대개는 파티션이 없다. 파티션이 있는 근무 환경에 적응된 사람이라면 처음에 이러한 환경이 살짝 당혹스러울 수 있으나, 나는 첫 회사가 일본 회사였기에 금방 적응할 수 있었다.

호칭은 이름으로

일본의 직급 체계는 회사마다 약간 다르지만, 기본적으로

한국과 비슷하다. 가장 크게 다른 점이라면 직급에 '님'자를 붙이지 않는다는 것이다. 어느 회사든 일본에서는 '과장', '부장', '사장'이라고 호칭하며, 사내에서는 직함 대신 이름에 'さん(씨)'만 붙여 부르는 곳도 많다. 단, 전화상에서는 주의해야 할 점이 있다. 비즈니스 매너 중 하나인데, 고객에게 걸려온 전화일 경우 자기 회사의 직원에게는 'さん(씨)'을 붙이지 않는다. 단순한 것 같지만 한국과는 크게 다른 점이다.

식비 대신 교통비

한국 회사는 구내식당이 있거나, 식비가 제공되는 회사도 많지만 대부분 일본 회사는 구내식당이 없고, 회사가 식비를 지급하지 않는다. 대신에 일본 회사들은 교통비를 지급한다. 한국과 비교하면 일본은 교통비 부담이 크다. 참고로 일본에서는 출근 시간에 인명 사고나 지진 등으로 전철이 지연되어 부득이하게 학교나 회사에 지각할 경우, 역에서 '지연 증명서'라는 것을 발급해 준다. 이 증명서를 제출하면 지각 처리를 면할 수 있다.

아날로그 감성의 나라 일본

한국이 늘 '새로움'을 추구하는 나라라면 일본은 '전통'을 중시하는 나라다. 그들의 일 처리만 봐도 이런 면면을 느낄 수 있다. 대다수 일본 회사는 디지털을 활용하면서도 여전히 아날로그 방식을 고집한다. 살짝 과장되게 말하면 모든 자료를 종이로 남겨둬야 직성이 풀리는 민족이 아닐까 싶을 정도다.

잘 알려졌다시피 일본은 매뉴얼マニュアル과 절차서手順書、설명서仕様書의 나라다. 시간이 걸리더라도 원칙과 규정을 중시하는 게 일본인의 특징이다. 일일이 모든 과정을 데이터로 만드는 모습을 보고 나 역시 처음에는 '번거롭게 이렇게까지 해야 하나?'라는 생각이 들었다.

하지만 그 위력(?)을 몸소 체험하고는 생각이 좀 바뀌었다. 일본에서 근무할 때 부서가 두 번 바뀐 적이 있었는데, 그때마다 새로운 업무를 익힐 때 절차서와 매뉴얼의 도움을 받았다. 물론 사수의 도움이 필요할 때도 있었지만, 기본적인 틀을 파악하는 데는 매뉴얼만으로 충분했다. 그만큼 자세하고 꼼꼼하게 작성되어 있다. 만드는 과정을 생각하면 융통성 없게 느껴지고 귀찮은 작업이지만, 활용 면에서는 오히려 합리적이라는 생각이 들었다.

회의록에 해당하는 의사록議事錄도 그중 하나다. 규모가 크든 작든 일본은 회의할 때 반드시 의사록을 적는데, 나도 신입 때는 이것 때문에 애를 먹었다. 쓰는 방식을 알려주긴 했지만,

그렇게 꼼꼼한 방식의 회의록을 써 본 적도 없거니와 일본어로 바로 듣고 기록해야 하는 작업이어서 생각만큼 쉽지 않았다.

회의가 길어질 때는 매번 음성을 녹음해서 기록하곤 했다. 대부분의 일본 회사는 위에서 언급한 내용과 비슷한 시스템이다. 일본식 업무 방식에 일단 익숙해지면, 차후에 다른 어떤 일본 회사로 이직하더라도 쉽게 적응할 수 있다.

혼밥이 흔한 점심시간

점심시간 분위기도 한국과는 확연히 다르다. 한국에서는 보통 삼삼오오 모여 다 같이 점심을 먹으러 가지만, 일본에서는 점심시간에 혼밥(혼자 밥 먹기)을 즐기는 회사원들이 많다. 물론 요즘은 한국도 혼밥족들이 점점 늘고 있긴 하다.

앞에서 언급했지만 사내 식당이 없는 회사도 많기에, 근처 식당에서 해결하거나 도시락을 먹는다. 도시락은 직접 싸 오는 사람도 있지만, 편의점 또는 도시락 전문점에서 다양한 도시락을 입맛대로 고를 수 있다. 물론 일본이라고 동료와 같이 점심을 먹는 일이 전혀 없는 건 아니다.

내가 일한 회사는 IT 회사라 압도적으로 남자 사원들이 많았고, 심지어 첫 부서에서는 팀원 중 나를 제외한 7명이 전부 남자였다. 당시 나는 키바木場에 있는 고객사에서 근무하고 있었는데 우리 팀도 초반에는 자주 함께 밥을 먹으러 다녔다.

그때 나에게는 말 못 할 고충이 하나 있었는데, 그건 바로 남자 팀원들의 식사 속도였다. 내가 반쯤 먹어갈 때쯤 그들의 식사는 언제나 끝나 있었다. 나도 여자치고는 빨리 먹는 편인데 이상하게 뭘 먹어도 내가 가장 느렸다. 이건 지금도 풀리지 않는 미스터리. 분명 똑같이 이야기도 나누면서 먹는데, 남자들은 밥을 거의 마시는 수준이었다고나 할까? 다들 식사를 끝냈는데 나 때문에 매번 기다리게 하는 것도 왠지 미안했다. 남자들에게 속도를 맞추기 위해 빨리 먹다가 체한 적도 몇 번 있었을 정도니 나에겐 제법 스트레스였다. 누가 뭐라고 한 것도 아닌데 그때는 왜 그렇게 신경이 쓰였는지 지금 생각하니 좀 웃기긴 하다.

그래서 나는 도시락을 싸온 다른 동료들과 휴게실에서 먹거나 옆자리나 마주 보고 앉은 동료들과 각자 자리에 앉아 담소도 나누며 점심을 해결하고, 남은 점심시간을 자유롭게 보내는 편이 좋았다. 일본에서는 점심시간을 혼자 보낸다고 눈치 주는 사람도 없고 남을 의식할 필요도 없다. 그룹 단위로 몰려다니는 것보다 혼자만의 시간을 즐기는 사람이라면 이러한 일본의 점심 문화가 잘 맞을지도 모른다.

자유로운 회식 문화

한국만큼 자주는 아니지만 일본에도 크고 작은 회식이 있다. 사원 전체가 참여하는 규모가 큰 행사나 회식일 경우에는 회사에서 지원비가 나오거나 윗사람이 더 내기도 하지만, 보통은 N 분의 1로 각자 비용을 부담한다.

사전에 참석 여부를 메일로 확인하는데, 일본에서는 장소를 예약할 때 인원수대로 자릿세가 발생하므로 정확한 인원 파악을 위해 이러한 과정을 거치는 듯했다. 어쩔 수 없는 사정으로 참석을 못 하면 불참한다고 미리 통보만 해주면 된다. 앞서 말했다시피 일본인들은 보고를 좋아한다. 임박해서 알려주지 말고 무조건 미리 말해주자.

술을 강요하는 문화가 있는 한국과 달리 일본에서는 술을 잘 못 마시더라도 주변에서 억지로 마시도록 강요하거나 부담을 주지는 않는다. 술이 약한 나는 일본의 회식 자리에서 이 점이 가장 좋았다. 보통 각자 알아서 마실 음료를 주문하기 때문에 술이 약하다면 굳이 마시지 않아도 되고, 알코올이 적게 들어가는 '사와'나 '츄하이' 같은 음료를 시켜서 분위기만 즐겨도 된다.

원조 가라오케(노래방)의 나라답게 일본에서도 2차는 보통 노래방으로 많이 가는데, 막차가 끊길 때까지 노는 경우도 제법 있다. 신입 때는 잘 보이기 위해 최대한 늦게까지 남아있기도 했지만, 중간에 간다고 해서 눈치를 주거나 불합리한 일을 당하지는 않는다.

그러나 사회생활이란 어디든 비슷한 법 아니겠는가! 경험상 일본이든 한국이든 사회생활에는 적당한 아부가 필요하다. 더구나 신입 사원이라면 초반에는 회식 자리에 될 수 있으면 빠지지 말고 참석하는 것이 좋다. 특히 IT 기업은 진행하는 프로젝트에 따라 팀이 바뀌거나 근무지 이동이 잦을 수 있으므로, 회식은 선배들과 안면도 익히고 친해질 좋은 기회가 될 수 있다.

가깝고도 먼 그들

일본인들은 대개 조용하고 속내를 잘 표현하지 않아서 친해지기 어렵다고들 하지만 내 생각은 좀 다르다. 한국에도 다양한 사람들이 있듯이 일본도 마찬가지다. 결국은 다 같은 사람이기에 그 사람의 성격과 성향에 따라 쉽게 친해질 수도, 그렇지 않을 수도 있다. 이건 어디까지나 내 생각이지만 워낙 남에게 민폐 끼치는 것을 꺼리는 민족이니 사람을 사귈 때도 조심스러워

하는 성향이 나오는 게 아닐까? 따라서 친해지기 어렵다기보다는 친해지는 데 시간이 걸린다는 말이 더 맞는 것 같다.

한국도 마찬가지겠지만, 회사에서 공적으로 만나는 사람과 사적으로 만나는 사람은 아무래도 서로 대하는 게 좀 다를 수밖에 없다. 일본에서는 회사 사람들과 평소에 사적인 이야기를 나눌 일이 거의 없다. 굳이 할 필요도 없지만, 그들은 사적인 것에 관해 묻는 걸 실례라고 여기거나, 묻더라도 조심스러워 한다. 가볍게나마 사적인 이야기를 나눌 정도의 사이가 되려면 어느 정도 시간이 걸리는 편이다. 서두르지 말고 서서히 친해지자. 회사 사람이라면 술자리가 더해지는 회식 자리도 좋은 기회가 될 수 있으며, 퇴근 후에 같이 식사를 제안해 보는 것도 좋다.

일본에는 여자들끼리만 모이는 여자회(女子会)라는 것도 있어서 여성이라면 이런 모임을 통해 좀 더 쉽게 일본인들과 친해질 수 있다. 한국 음식에 대해 잘 모르는 일본인이라면 한국 음식점에 데려가서 이것저것 소개해 준다든가, 일본인들이 좋아할 만한 분야에 흥미 있는 모습을 보여주면 좋은 반응을 끌어낼 수 있다.

사적으로 친구를 사귈 때도 크게 다르지 않다. 나는 한국인들이 말하는 '정'을 일본인들에게서도 느낄 수 있었다. 무언가 대가를 바라고 다가가는 것이 아니라, 진심이 전해진다면 일본

뿐 아니라 어느 나라 그 누구와도 진정한 친구가 될 수 있다고 믿는다.

단, 한일관계의 특성상 서로 민감해질 수 있는 주제는 될 수 있으면 피하는 것이 좋다. 불필요한 언쟁을 만들 수도 있다. 아무래도 예민해질 수 있는 문제나 자존심을 건드리는 발언은 예의상으로도 삼가도록 하자.

한번은 식사 자리에서 날 앞에 두고 "독도가 어느 나라 땅인지 뭐가 중요해. 솔직히 난 한국에 줘도 된다고 생각해"라는 황당무계한 소리를 한 상사가 있었다. WBC나 올림픽 시즌이 되면 사무실 내에 묘한 분위기가 감지되기도 했다. 한국이 활약하면 한국인들은 좋아도 대놓고 좋은 티를 내지 못하고, 일본인들은 왠지 모르게 온종일 침통한 분위기.

몇 년 전 WBC에서 한국이 일본을 꺾었을 때는 당분간 한국인들은 밖에 돌아다니지 말고 몸 사리라는 마냥 웃지만은 못할 말이 나왔을 정도다.

양국이 항상 우호적일 수만은 없는 관계인만큼 일본인들과 섞여 일하다 보면 재미있기도 하지만 기분 나쁜 일도 생각보다 많이 일어난다. 내 동료 중 한 명은 일본어가 굉장히 유창했음에도 불구하고 전화 응대 중에 한국인이라는 이유로 클레임(이의제기)을 당했다.

"아니, 왜 한국인이 받아? 일본인 담당자 없어? 일본인 바꿔!"

담당자인 한국인 동료의 이름을 듣고 고객이 무조건 일본인을 데려오라며 생떼를 쓴 것이다. 드물긴 하지만 이렇게 상식적으로 이해할 수 없는 일들이 일어날 때도 있다. 그렇다고 그때마다 너무 겁먹을 필요도, 민감하게 반응할 필요도 없다. 어차피 일본에서 일하는 한 언젠가는 겪게 될지도 모르는 일이니 감정을 앞세우지 말고 현명하게 대처하도록 하자.

일본인에 대해 언급할 때 자주 나오는 '혼네(본심)'와 '다테마에(겉치레 말)'는 어쩌면 일본에서 일하는 한국인들에게 필요한 것이 아닐까 하는 생각을 해 본다.

에필로그

세상 모든 직장인이 그러하듯 나에게도 일본에서 보낸 3년이라는 시간은 수많은 시행착오의 역사였다. 차마 글로 다 옮기지 못할 크고 작은 사건도 있었고, 떠올리면 눈물 나게 그리울 만큼 소중한 추억도 생겼다. 지금은 일본을 떠나, 호주에서 다시 1년이라는 시간을 보내고 한국으로 돌아왔다. 공교롭게도 내가 떠나고 얼마 지나지 않아 동일본 대지진이 일어났다.

일본에서 결혼했거나, 여전히 일본에서의 삶을 이어가고 있는 동료도 있지만, 원전 문제까지 겹쳐 어쩔 수 없이 한국으로 돌아온 동료도 많았다. 이미 일본이 생활 터전이 된 그들에게는 결코 쉽게 내릴 수 없는 결정이었을 것이다. 다시 일본으로 돌아갈 생각도 있었기에 당시 동료들의 소식을 접한 내 심정도 착잡했다.

그렇게 시간이 흐르고, 나는 일본과의 인연을 아직 이어가고 있다. 변함없이 일본에 있는 회사를 상대로 일본인들과 소통하며 일본어를 사용하는 일을 한다. 달라진 게 있다면 조직에 속해있지 않고, 프리랜서로 일한다는 점과 일본으로 건너갈 때만 해도 상상조차 하지 못했던 번역 일을 한다는 정도일까.

일본에서의 시간은 내 인생에서 귀한 선물과도 같다. 그곳에서 때로는 행복한 성취감을, 때로는 좌절의 고통을 맛보며 한 뼘 더 성장할 수 있었다. 돌이켜 보면 매 순간이 큰 배움이었고, 그 시절이 있어 지금의 내가 있다.

어느 날 갑자기 운명처럼 다가온 일본과 나의 특별한 인연은 아직도 현재 진행 중이다.

20대, 도쿄에서 진짜 나를 만나다

신선아

"충북 음성군에서 보내주셨습니다, 익명을 요청하신 분⋯"

맙소사. 초등학생 때 만들었던 아이디라 본가 주소가 그대로 남아있었다. 내 주변 사람들은 주소와 사연만으로 나인 걸 금방 알아챘을 것이다. 창피함과 두근거리는 마음으로 귀를 기울였다.

"저는 도쿄에서 일하는 25살 여자입니다. 지금 신입사원 연수 중인데 생각보다 너무 힘드네요. 조금만 더 열심히 하면, 조금만 더 힘을 내면 될 거 같은데 답답해요."

라디오 디제이(DJ)가 어떤 코멘트를 해줄지 기대했다. 그런데 그는 따뜻한 위로보다 다른 것에 더 관심이 많은 듯했다.

"사연에 쓰여 있네요. 아주 조금만 더 힘을 내시고 열심히 하면 될 것 같다고. 아니 그런데 무슨 일을 하시길래 도쿄에 계신 거죠? 그것도 25살에? 하. 제가 25살 때 전 아직 대학생이었는데 요즘 분들은 진짜 대단하신 거 같아요. 참. 네, 그럼 다음 사연."

일본에 온 지는 올해로 6년. 대학에서 일본어를 전공했고 2013년, 도쿄에 있는 한 회사에 입사했다. 한국에서 태어나고 자란 내가 첫 사회생활을 일본에서 시작한 것이다.

살아보니 힘들었다. 언어가 다르니 같은 일을 해도 남들보다 더 많은 시간이 필요했고, 노력해도 기대만큼 결과가 안 나오기도 했다. 일과 별개로 향수병과 외로움에 지치기도 했다. 그런데도 나는 아직 도쿄에서 일하며 살고 있다.

일본에서 일하려면 일본어를 잘해야 할까?

"일본어 잘 못 하니까 힘들어. 토론 같은 것도 못 하겠어."

첫 직장에서 중국인 동기가 연수 중에 내게 했던 말이다. 이 동기는 엔지니어였는데 일본어가 서툴렀다. 다들 간단히 통과하는 테스트에 떨어지기도 했다. 그렇지만 그는 당당히 내정을 받고 입사한 정사원이었다.

일본에서 일한다고 하면 사람들은 다들 일본어를 잘하겠다고 말한다. 일본에서 취직하려면 일본어를 잘해야 할까? 한국처럼 대단한 스펙이 필요할까? 내 대답은 노(NO)다. 물론 잘하면 적응도 빠르고 좋다. 하지만 가장 중요한 건 일본어가 아니다.

일본은 아직 종신 고용 문화가 남아 있어서 회사에 잘 맞고 가능성 있는 사람을 뽑아 성장시켜 나가는 곳이 많다. 그래서 스펙보다 그 사람의 성향이나 기질 같은 본래 가지고 있는 모습을 중요시한다. 일본회사들의 이러한 사고방식이 있기에 당장 능력이 없어도 내가 이 회사에 얼마나 적합한지, 얼마나 성장할 수 있는지 잘 전달하면 어느 회사든 입사할 가능성이 열려있다.

2년 전 IT 회사에서 광고회사로 이직했다. 이직을 준비할 당시 광고에 대한 지식은 전혀 없었다. 면접에서 전 직장인 IT 회사에서 했던 일과 어떤 생각과 과정을 거쳐 그 일을 해냈는지 설명했다. 결국 회사가 원하는 인재상과 가깝다는 평가를 받으며 입사할 수 있었다.

어릴 때부터 이것저것 하고 싶은 게 많았던 나는, 서른이 된 지금도 5년 동안 해온 영업이 아닌 전혀 다른 일들에 도전해보고 싶다. 물론 경력을 쌓을수록 이직은 힘들어지겠지만, 일본회

사는 가능성을 보고 채용해주기에 어떤 일로든 도전할 기회가
있다는 희망을 느낀다.

이런 이유로 일본어 실력이 부족해서 일본 취업을 망설인다
면 너무 고민하지 말고 당장 지원해 보기를 권한다.

다른 사람과 같을 필요는 없다

첫 회사에 입사했을 때 100명의 동기 중 한국인은 나를 포
함해 단 2명이었다. 나는 빨리 적응하고 싶었고 그들 속에 녹아
들고 싶었다. 한국이라는 키워드는 되도록 언급하지 않았다. 외
국인이라는 특별한 배려도 원치 않았기에 일본어 공부를 열심
히 했고, 어려운 역할도 마다치 않고 담당했다.

하지만 어쩔 수 없이 같은 지식을 흡수하고 이해하는 데에
도 동기들보다 더 노력이 필요했고, 점점 지치기 시작했다. 신
입사원 연수의 마지막 과정이었던 그룹 PT에서 발표를 맡았는
데, 전날 새벽까지 준비하다 당일 늦잠을 자고 말았다. 눈을 떴
을 땐 이미 PT가 시작될 시간이었다. 연수장에 도착해 연수 담
당자와 상담을 하다 펑펑 울고 말았다. 같은 시간을 들여도 동
일한 성과를 내지 못하는 나 자신이 초라했기 때문이다.

신입사원 연수가 끝나고 부서에 배치된 후 본격적인 업무가

시작되었다. 시간이 지나고 업무에도 잘 적응했다. 연수 때만큼의 답답함이나 초조함은 많이 사라졌지만, 여전히 그들과 비슷한 방식으로 성과를 내기 위해 하루하루 노력하고 있었다. 그런데 이러한 생각이 달라진 계기가 있었다.

2년 차 여름, 갑작스럽게 회사 서비스의 데모화면을 설명하는 발표를 맡았다. 사내외로 많은 관계자가 모이는 큰 이벤트여서 되도록 일본인처럼 실수 없고 위화감 없는 PT(프리젠테이션)를 하고 싶었다. 하지만 준비하기에 시간이 충분하지 않았다.

그때 평소에 고객이나 후배 사원에게 대화하듯이 설명을 했을 때 그들의 반응과 이해도가 높았던 경험을 떠올렸다. 설사 그게 좀 부자연스럽더라도 외국인이니까 남들과 다른 방식을 이해해주리라는 근거 없는 용기도 있었다.

사전준비는 없었고, 발표 대본도 준비하지 않았다. 청중의 수는 많았지만 언제나처럼 대화하는 느낌으로 차근차근 PT를 진행했다. 결과는 대성공이었다. 청중의 반응은 좋았고 이벤트 종료 후의 앙케트에 데모 PT를 칭찬하는 내용이 많았다.

이 일을 계기로 내가 남들과 다른 조건을 가졌다면 나만의 방식으로 성과를 내는 것도 하나의 좋은 방법이라는 사실을 배웠다. 그 이후로는 '나라면 어떤 방식으로 해낼까? 어떤 결과를

낼 수 있을까?'를 고민하게 되었고, 그렇게 처리한 일들에서 좋은 결과를 내고 사내표창을 받기도 했다.

자신을 위로하고 이해하는 사람이 될 것

가장 힘들었던 건 2년 차 가을 즈음이었다. 일이 너무 많아 야근이 잦았고, 자정 넘어서까지 일하는 날도 많았다. 기쁠 때, 슬플 때, 힘들 때 같은 평범한 일상의 순간을 혼자 보내서인지 외로움도 쌓여있었다. 육체적 정신적으로 너무 지쳐서 한국으로 돌아가고 싶다는 마음만 점점 커졌다. 귀국에 대해 고민하기 위해 휴가를 내고 일주일간 혼자 오키나와 여행을 떠났다.

일이 바빠 여행계획을 세울 시간도 없던 나는 오키나와의 조용한 섬에서 아무것도 안 할 계획으로 비행기에 올랐다. 출발 당일도 일하느라 밤을 새웠다. 여행에 대한 기대감보다 피곤하다는 생각뿐이었다.

아침 6시에 집을 나와 비행기를 타고 오키나와에 도착했다. 이시가키에 있는 게스트하우스에 도착하니 오후 5시였다. 평범한 가정집 같은 게스트하우스에선 레게음악이 흘러나오고 있었다. 그저 빨리 씻고 잠자고 싶었던 나에게 미소 가득한 얼굴로 오너가 말을 걸어왔다.

그는 나의 여행일정을 듣고 경악을 금치 못하고, 모처럼 이곳에 왔으니 자기가 추천하는 대로 일정을 다 바꾸는 편이 좋겠다고 제안했다. 나보다 더 나의 여행을 생각해주는 오너의 마음이 고마워서 밤샘과 이동으로 지쳐있던 마음이 풀어지며 조금씩 여행이 기대되기 시작했다.

오너가 만들어준 일정대로 이리오모테섬, 하테루마섬, 이시가키섬, 타케토미섬을 여행했다. 텐트에서 자는 날엔 알람 없이 아침 햇살에 눈을 뜨고, 가까운 바닷가로 산책을 나갔다.

낮에는 등산하거나 정글 숲 트래킹을 하고, 밤에는 카누를 타며 별을 보았다. 난생처음 별자리 보는 법을 알게 되었다. 자전거를 타고 섬 일주를 하기도 하고 마음에 드는 곳에 내려 음악을 들으며 바다를 바라보기도 했다. 스노클링을 하며 처음으로 바닷속을 구경하고, 황홀함을 느꼈다.

넓은 초원에 앉아 끝이 보이지 않는 바다를 보고 있으니 내가 고민하는 모든 일은 그리 크고 대단하지 않다는 생각이 들며 마음이 안정되었다. 여행하는 동안 되돌아보니 지난 2년간 이렇게 자신을 돌아보며 쉴 수 있는 충분한 시간을 가지지 않았었다.

도쿄로 돌아가기 하루 전, 다시 첫날 묵었던 이시가키의 게

스트하우스로 갔다. 그곳에서 3년 전 일을 그만두고 세계여행 중이라는 장기투숙객 한 명과 이야기를 나눴다.

해외 여러 곳을 돌아다니며 마음에 드는 장소에서는 몇 달씩 머문다고 했다. 바다를 좋아하는 그는 매일 바다에 들어간다고 했다. 가끔 바다에서 잡은 물고기를 손님들과 나눠 먹기도 하고 이시가키를 안내하기도 하는데 지금의 이 생활이 굉장히 행복하다고 말했다.

언뜻 보기에 직업도 집도 없는 그는 굉장히 불안정해 보였지만 지금이 행복하다고 말하는 그의 얼굴엔 항상 미소가 가득했다. 그는 자기가 어떤 순간에 행복을 느끼는지 잘 알고, 사회가 정한 행복이 아니라 자기가 정한 행복을 찾아가고 있었다.

진심으로 행복하다고 말하는 그가 부러웠다.

도쿄로 돌아오는 비행기 안, 매달 월급이 들어오고 돌아갈 집과 가족도 있는 나는 왜 행복하다고 자신 있게 말하지 못하는 걸까 생각했다.

늘 마음 한구석이 불안하고 허했던 이유는 내가 어딜 향해 가는 건지, 좋아하는 게 뭔지, 언제 행복하다고 느끼는지 모르기 때문이 아니었을까? 자신에게 충분히 쉴 시간을 주지 않고, 자신을 이해하려고 하지 않았던 지난 시간을 반성했다.

오키나와라는 맑은 자연과 그곳에 사는 여유로운 사람들과의 만남 덕분에 나의 일상에도 많은 변화가 일어나기 시작했다.

평일엔 회사원, 주말엔 빵집 아르바이트

오키나와에서 돌아와 가장 먼저 한 일은 해 보고 싶은 일과 해 보고 좋았던 일의 리스트 작성이었다. 사소한 것이라도 해 보고 싶은 일은 다 해 보고 내가 무엇을 좋아하는지, 싫어하는지, 무엇을 잘하는지, 잘하지 못하는지를 알아보기로 했다.

요리, 제빵, 커피, 승마, 요가, 헬스, 수영, 도예, 자전거 등 혼자서 열심히도 체험클래스에 참가했다.

해보니 요가와 빵 만들기가 마음에 들었다. 매주는 못 했지만 틈틈이 요가를 다녔는데, 마음이 편안해지고 몸도 한결 가벼워짐을 느꼈다. 머리가 복잡하거나 몸이 안 좋은 날은 억지로라도 요가를 가서 스스로 한숨 쉬어가는 시간을 만들었다.

제빵은 원래 빵을 좋아했고 내 손으로 무언가를 만들어 내는 것이 좋았다. 제빵교실에서 빵을 만든 다음 날은 집에서 혼자 만들어보기도 하고 인터넷으로 정보를 검색해서 천연발효종을 키워보기도 했다.

발효를 기다리는 시간과 천천히 부풀어 오르는 반죽, 빵이

구워지는 향의 덕분일까. 빵을 만들고 있으면 왠지 모르게 마음이 편안해졌다.

어느 날, 친구에게서 연락이 왔다. 아는 사람이 빵집을 새로 오픈했는데 관심이 있으면 함께 가자고 했다. 내가 빵을 배우기 시작한 걸 알고 배려해준 것이다. 조금 먼 곳이었지만 가보기로 했다.

베이글을 전문으로 하는 3평 남짓한 자그마한 가게였는데 그곳의 베이글은 이제껏 먹어본 중 가장 맛있었다. 혼자 집에서 빵을 만들다 보니 궁금한 점이 많았던 터라 주인아주머니에게 이것저것 여쭤보았다. 그렇게 한참 대화를 하다 한 달에 한 번 정도 주말에 아르바이트 하면서 빵 만들기를 배우는 건 어떠냐는 제안을 해주셨다. 마침 제빵 교실도 거의 끝나가던 참이라 흔쾌히 그곳에서 아르바이트를 하기로 했다. 지금도 한 달에 한두 번 토요일마다 빵집에서 아르바이트를 하고 있다.

해 보고 싶은 일과 해 보고 좋았던 일의 리스트는 생각보다 큰 변화를 가져왔다.

잠을 자거나 일을 하거나 산책을 하거나 영화를 보는 것이 전부였던 주말에 요가와 빵집 아르바이트가 추가되었다. 해 보고 싶은 일 리스트에 있던 일을 하며 보내는 주말은 무언가를 해내는 시간으로 느껴져 뿌듯하고 행복했다.

좋아하는 일을 찾고 그 일을 하는 시간을 만든 것만으로도 잠들기 전 오늘 하루 즐거웠다고 되새길 수 있는 날이 늘어났다. 그리고 이런 하루하루가 모여 행복이 되리라는 걸 깨달았다.

에필로그

일본에서 일하는 5년 동안 '일본에서 계속 살까 아니면 한국으로 돌아갈까?'라는 생각을 계속했다. 왜 일본에 있고 싶은지, 왜 한국에 돌아가고 싶은지 치열하게 고민했다. 덕분에 나에 대해 더 많이 생각해보고 이해하려 노력했으며 꽤 괜찮은 20대를 보낼 수 있었다.

혼자 일본을 여행하며 다양한 사람들을 만나 가치관이 바뀌기도 하고 배움을 얻기도 했다. 한국과 다른 이곳의 환경은 나에게 많은 기회를 주었고, 망설이지 않고 도전할 수 있는 일도 많았다.

사실, 여전히 고민이 많다. 하지만 고민의 내용은 5년 전과 사뭇 다르다. 귀국만을 고민하던 예전과는 달리, 내가 하루하루 즐겁게 보내려면 지금 당장 무엇을 해야 하는지에 대해 고민하게 되었다.

현재 나는 도쿄에서 광고영업으로 일하며 마케팅을 배우고 있다. 하지만 내가 작성한 해 보고 싶은 일 리스트에는 영업 이외의 일도 가득하다. 앞으로 그 일들에 하나씩 도전해 나갈 것이다.

도쿄에서 무모하지만 즐거운 30대를 보내고 있는 나를 오늘도 열렬히 응원한다.

당신이 회사를 그만두어도 괜찮은 이유

이예은

'퇴사(退社) : 회사에서 퇴근함'

잘 알려지지 않은 퇴사의 정의다. 네이버 국어사전에서 퇴사라는 단어를 검색했는데 이처럼 일상적이고 가벼운 뜻을 품고 있다는 사실에 적잖이 놀랐다. 하루 업무를 마치고 일터를 나서는 매 순간, 우리는 일시적으로나마 직장인에서 개인으로 돌아가는 '퇴사'를 반복하고 있다.

퇴사의 두 번째 사전적 정의는 우리가 익히 잘 아는 '회사를 그만두고 물러남'이다. 내 시간과 노동의 대가로 급여를 지급해 주던 조직에서 완전히 나오는 것. 아이러니하게도 어렵게 취업 관문을 통과한 많은 직장인의 최대 관심사이기도 하다.

첫 번째 퇴사, 그리고 대기업 입사

두 번의 퇴사를 경험했다. 첫 번째는 이직을 위한 퇴사였고, 두 번째는 유학을 위한 퇴사였다. 외국에서 대학을 졸업하고 한국에 돌아온 나는 영어 통·번역 대학원 입시를 준비하며 어느 비정부기구에 번역 계약직으로 입사했다. 말 그대로 온종일 한국어를 영어로 번역하거나 결과물을 감수하는 업무였다.

입시공부를 병행하기 위한 선택이었지만 어엿한 사회생활의 시작이었다. 업무는 보람 있었고 함께 일하는 사람들은 비현실적일 만큼 따뜻했다. 다만 당시 받던 월급만으로는 자취 생활과 입시 공부를 감당하기에 역부족이었다. 경제적으로 안정된 삶을 살고 싶었다. 결국, 반년 만에 신입 공채로 눈을 돌렸고 처음으로 지원한 그룹 계열사에 합격했다.

2012년 당시만 해도 청년 실업률은 7%대에 머물러 있었지만, 취업에 대한 불안감이 점차 높아지고 있었다. 소위 말하는 '대기업'에 입사한 덕분에 주변 사람의 축하가 이어졌고 부모님은 한숨 돌린 듯했다.

번역가로서 나를 처음 받아준 비정부기구에서의 회사 생활과 통·번역 대학원 입시를 접고 신입사원 연수원에 들어갔다. 해를 거듭하며 주위에 취업준비생이 늘어나자 나의 취직 소식은 지인의 부러움으로, 부모님의 자랑으로, 또 누군가의 선망으로 부풀려져 갔다. 그에 반해 내가 가졌던 뿌듯한 마음은 무덤덤하게 변하다가 어느 순간부터는 아무것도 느끼지 못하게 되어버렸다. 그리고 회사 우울증이 찾아왔다.

의미를 잃었을 때 찾아온 마음의 병

우울증은 흔히 마음의 감기라고 한다. 심하면 자살에 이르게 되는 질환을 감기에 빗대는 것이 경솔해 보이기도 하지만 가벼운 우울증은 누구나 살면서 한 번쯤 겪는다. 어찌 보면 인간이 느끼는 당연한 감정인 불행과 슬픔의 심화이며, 정신병보다는 사회현상으로 보는 시각도 있다. '마음의 감기'는 적절한 치료 시기를 놓치면 증세가 심해질 수 있으니 초기 진료에 대한 거부감을 낮춰 도움의 손길을 받게 하기 위한 표현인지도 모른다.

의학계에서는 우울증을 '뇌 신경전달물질 체계의 이상과 관련된 심리적 질환'이라고 설명한다. 나는 제 때 해소되지 않은 스트레스가 독처럼 쌓여 마음을 잠식시키는 현상으로 이해한다. 우울증이 표출되는 방식도 사람에 따라 다르지만, 내 경우는 공허함과 무기력함, 불면증, 섭취 장애 그리고 시시때때로 찾아오는 죽음에 대한 망상이었다.

처음에는 업무 중에 이유 없이 머리를 꽉 조여 오는 두통으로 시작했다. 회사를 나와 바깥바람을 쐬자마자 거짓말처럼 증상이 사라져 퇴근이야말로 만병통치약이라며 친구와 농담을 주고받았다. 그러나 시간이 지나면서 나는 그나마 회사에서만 제 기능을 했다. 퇴근 후나 주말에는 무엇을 해야 할지 몰라 침대에 누워 허공을 바라보기 일쑤였다. 침대에 누우면 이유 없이 눈물이 흘렀고, 건강이 나빠져서 출근 준비를 하다 정신을 잃기도 했다. 도대체 왜 그렇게 된 걸까.

단순히 내가 스트레스에 취약한 '약해 빠진 요즘 애'여서 일수도 있다. 윗세대는 이해하기 힘든 내 개인주의 성향과 내향적인 성격도 한몫했을지 모른다. 한국 기업 문화에 적응하지 못한 유학파여서일지도 모른다. 윗사람의 의견에는 무조건 따라야 하는 상명하복식 문화는 가보지 않은 군대를 떠올리게 했다.

여기에 열심히 일할수록 당연한 듯 가중되는 업무량, 보상은 없지만 반드시 해야 하는 야근과 주말 근무, 쉬는 날에도 쏟아지는 업무 이메일과 카톡, 가끔 회의감이 들게 하는 소속된 그룹의 재벌 비리 뉴스까지…. 쉽게 회사 생활에 적응하기에는 그동안 형성된 내 가치관이나 삶의 방식이 너무나 달랐다.

하지만 모든 것이 나를 위한 변명이었을지도 모른다. 회사에 다니며 뚜렷한 목표가 있었다면 충분히 감내할 수 있었다. 아무리 생각해도 '무엇을 위해 견뎌야 하나'라는 질문에 만족스러운 답이 떠오르지 않았다. 월급의 달콤함도 정신적 피폐함이 집어삼킨 지 오래였고, 상사나 임원의 모습에서도 미래가 보이지 않았다. 그저 하루하루 기계처럼 출퇴근을 반복할 뿐이었다.

나를 한없이 가라앉게 하던 우울함의 원인은 삶에 대한 의미 상실이었다.

대기업 직장인에서 도쿄 유학생으로

대부분 직장인은 이런 상황에서 이직을 떠올린다. 내가 생각한 첫 답안 역시 이직이었지만, 더 소진할 에너지도 없는 상태에서는 그조차 버거웠다.

살면서 처음으로 목표가 사라진 기분이었다. 학창시절에는 단순히 성적에 매달렸고, 고등학교 때는 대학입시를 위해 공부했다. 원하던 대학에 보기 좋게 떨어진 후 장학금을 받고 간 대학에서는 끊임없이 자퇴 유혹에 시달렸지만, 졸업만 바라보고 견뎠다.

남부럽지 않은 직장에 들어왔으니 이제까지 해왔던 것처럼 그저 열심히 살기만 하면 되는 줄 알았다. 이처럼 번듯한 노선에서 자진 이탈한 뒤 무엇을 할지, 또 내가 무엇을 하고 싶은지 아무 생각도 떠오르지 않고 그저 막막했다. 지난 시간, 나는 어떤 삶을 살고 싶다고 생각했지? 자신에게 진지하게 물어보았다.

그때, 일본이 떠올랐다. 대학교 시절 한 학기를 도쿄에서 교환학생으로 보냈다. 그 뒤로 딱 2년만 일본에서 살아보고 싶다는 말을 입버릇처럼 달고 살았다.

처음에는 깨끗한 거리와 질서 있고 예의 바른 사람들, 매운 것을 못 먹는 내 입맛에 잘 맞는 요리가 좋았다. 언어를 배우기 시작하면서는 한국어와 문법 구조는 비슷하지만, 알면 알수록 표현방식이 다른 일본어에 매력을 느꼈다. 신선한 충격을 안겨 준 에쿠니 가오리, 무라카미 류, 다자이 오사무의 소설과 전성기 시절 기무라 타쿠야가 출연한 드라마 역시 일본 문화에 빠진 계기가 됐다.

스물일곱, 한 번의 휴식기 없이 대학을 졸업하고 3년 반 일한 덕분에 통장에는 2년 정도는 먹고 살 수 있는 돈이 있었다.

나 같은 평범한 한국인이 일본에서 취업하지 않고 장기 체류할 방법은 크게 워킹 홀리데이와 유학이 있었다. 워킹 홀리데이는 부득이한 사정이 있다면 30세까지도 가능하지만, 원칙적으로 만 18세에서 25세까지 신청할 수 있어서 고려 대상이 아니었다. 반면 유학 비자는 나이 제한이 없는 데다 학기에 따라 한 번에 최대 2년 3개월까지 발급된다. 자격 외 활동 신청서를 작성하면 학기 중에는 주 28시간, 방학 때는 주 40시간까지 아르바이트도 할 수 있다.

일본 유학은 새로운 지식과 경험을 쌓으며 향후 진로를 모색할 좋은 기회였다. 대학교 때 적성에 맞지 않는 전공을 억지로 수료한 탓에 공부에 아쉬움이 있었다. 대학원을 알아봤다. 대학원을 다니며 부설 어학원에서 일본어 수업을 들을 심산이었다.

일본에는 2008년부터 문부과학성에서 실시한 '국제화 거점 정비사업(글로벌 30)' 덕분에 일본어가 유창하지 않아도 영어가 가능하면 학위를 취득할 수 있는 프로그램이 많다. 일반 대학원과 달리 영어로 작성한 연구계획서와 자기소개서, 토플, GRE 점수 등으로 지원할 수 있으며 논문도 영어로 작성할 수 있다. 나는 도쿄의 한 사립대학교의 문화학 석사 과정에 지원했고 최종 합격했다.

통보를 받은 2015년 4월, 나는 미련 없이 사표를 제출했다. 퇴사 후 출국까지 남은 4개월간 일본어학원에 등록해 일본어능력시험(JLPT) 1급을 취득하고, 서울 소재의 한 대학에서 한 달

여간 한국어 교원양성과정을 이수했다.

도쿄에서의 새로운 삶을 설계하며 준비하는 사이, 어느덧 몸과 마음의 건강은 회복되어 있었다.

자유롭고 온전한 나로 살기

20대 후반에 새로 찾아온 배움의 기회를 나는 십분 활용했다. 자유로운 수강 시스템 덕분에 전공 외에도 언어학과 제2외국어 교육, 사회학, 인류학 등 다양한 과목을 수강하며 시야를 넓혔고, 부설 어학원에서는 일본 문학과 뉴스, 논문 등을 원어로 읽는 연습을 했다. 동시에 중소기업과 번역회사 아르바이트를 통해 일본 사람들과 일하며 돈도 벌고 사회에 동화되어 보기도 했다.

대학원 시절은 정해진 골인 지점을 향해 일직선으로 달리는 것이 아닌, 굽이진 산책로를 정처 없이 산책하는 시기였다. 다른 대학원 동기는 박사과정 진학이나 취업이라는 뚜렷한 목표를 가지고 1학년 때부터 착실히 준비했지만, 나는 졸업 후까지 진로 결정을 미루며 그때그때 하고 싶은 일을 하고 경험을 쌓는 일에 집중했다. 물론 벌써 과장 진급을 앞두고 있거나 자신만의 전문 분야를 개척해 가는 지인을 보면 불안감이 엄습하기도 했

다. 그때마다 되뇐 말은 '何とかなる(어떻게든 되겠지)'였다. 아무리 대책이 없다고 해도 출근길에 교통사고라도 나길 바라던 예전의 나약한 모습보다는 나았다.

김난도 교수의 베스트셀러 《아프니까 청춘이다》에서는 고민하는 청춘을 크게 화살 파와 종이배 파로 나눈다. 전자는 확고한 미래상과 구체적인 계획을 세워 인생이 주는 다양한 가능성을 배제하며 화살처럼 쏜살같이 달린다. 후자는 그야말로 바람 따라 물 따라 흔들리는 종이배처럼 목적 없이 부유한다. 이제까지의 내 삶이 화살 파에 가까웠다면, 일본 유학 시절의 나는 종이배 파로 기울었다. 대신, 불안해하지 않는 자유로운 종이배였다.

가끔은 스스로 세운 목표도 족쇄가 된다. 순수하게 내가 누구이고, 무엇을 좋아하며, 어떤 일에서 보람을 느끼는지 바라보는 노력에 사회적인 강요가 개입돼서는 안 된다. 가족을 포함한 타인의 시선을 의식하는 것도 마음을 흩트리기 쉽다. 한국을 떠나 외국인의 신분으로 2년을 이렇게 살자 내가 좋아서 선택한 과목과 아르바이트, 어울리는 사람들, 돈을 쓰는 곳, 그리고 인테리어 취향에서마저 있는 그대로의 내가 드러났다.

나는 표현 욕구가 강하지만 번거로운 인간관계나 지나친 관심은 싫어한다. 일본어뿐 아니라 언어와 문화 자체에 경이로움을 느끼고, 언어를 넘나들며 내 생각과 다양한 목소리를 전하는 일에 가치를 느낀다. 사진보다 글이 좋고, 통역보다는 번역이 좋다. 집단주의보다는 개인주의를 추구하고, 그래서인지 연공서열에 의한 딱딱한 위계질서를 견디지 못한다. 높은 지위나 넘치는 돈은 얻을 재량도 감당할 자질도 없다. 무채색과 보라색, 지나칠 만큼 심플한 디자인을 좋아하고 도심 속 자연에 둘러싸이면 행복하다. 맡은 일은 열심히 하지만, 주기적인 여행과 소중한 사람과의 시간, 그리고 혼자만의 시간이 골고루 필요하기에 어떤 일을 하든 '워라밸(Work and Life Balance, 일과 삶의 균형)'은 필수다.

가장 관심 있는 분야는 출판이나 번역, 그리고 연구였고, 일을 한다면 수평적인 문화를 가진 조직이나 프리랜서가 적합했다. 어쩌면 모두 이미 알고 있는 내 모습이었을지도 모른다. 주위의 기대와 내 욕심을 걷어내고 나니 더 선명하게 보이고, 이대로 살아도 괜찮다는 확신이 들었다.

일본 스타트업에 취업하다

2017년 6월, 석사 논문을 제출하고 졸업 직전까지 취업과 프리랜서 사이에서 고민하다 취업을 선택했다. 더 늦으면 사원으로 일할 기회가 줄어들지도 모르고, 외국에서의 직장생활이 언젠가 도전할 프리랜서로 사는 삶에도 도움이 될 것이라는 생각이었다.

한국어와 영어를 활용할 수 있고 취업 비자를 지원하는 일자리를 찾기 위해 일본인 위주의 구직 사이트보다 외국인 채용에 특화된 크레이그리스트(Craigslist), 다이잡(Daijob), 가이진포스트(Gaijinpost), 캐리어크로스(CareerCross), 글래스도어(Glassdoor) 등에 올라오는 공고를 확인했다.

회사의 규모나 인지도보다 내가 담당할 직무가 내 경험과 능력, 커리어 방향과 일치하는지에 주목했다. 일본어 이력서와 경력증명서를 요구하는 곳도 있었고, 영문 이력서와 커버레터(cover letter)가 필요한 곳도 있었다. 면접은 외국계 기업 한 군데를 제외하고는 모두 일본어로 진행되어서, 유튜브에서 경력직 면접 영상과 강의를 시청하며 시뮬레이션했다.

대부분의 경력직 구직 공고는 리크루팅 에이전시에서 대행하고 있었다. 에이전시는 추천한 지원자가 합격하면 회사에서 수수료를 받는 방식으로 운영되므로 지원자는 부담 없이 상담을 받을 수 있다. 외국인 경력사원으로서 구직 활동을 할 때 컨설턴트와의 합도 중요하다는 것을 절실히 느꼈다. 나의 결혼이나 출산 계획 여부에만 관심이 있거나 전혀 상관없는 분야의 직무를 추천하는 컨설턴트는 신뢰할 수 없었다.

한 번은 인사담당자와의 면담에서 부모의 직업뿐 아니라 민감한 한일관계에 대해 공격적인 질문을 받은 적도 있었다. 국내에서도 지원자의 위기 대처 능력을 시험한다는 명목으로 압박 면접이 유행했지만, 상식선을 벗어날 때는 예의는 지키면서 무리하게 그들에게 맞추려 하지는 않았다.

면접은 회사가 후보자의 적합성을 판단하는 자리이기도 하지만, 지원자 역시 면접 기회를 통해 하루 대부분을 보낼 일터의 분위기를 미리 파악할 수 있다. 잠재적 고객이기도 한 지원자에게 서슴없이 무례한 언행을 하는 회사가 직원을 인격적으로 대할 리 없다.

한 달간의 시행착오를 거치다가 한 IT 스타트업에서 번역 프로젝트 매니저를 찾는다는 공고를 발견했다. 이 공고를 올린 리크루팅 에이전시는 외국인에게 특화된 곳으로 나의 경력과 커리어 계획, 희망 연봉을 파악한 뒤 예상 질문과 모의 면접을 제공하는 등 다양한 노력을 해주었다.

첫 면접은 창업자이기도 한 사장과 편안한 분위기에서 이제까지의 경력과 전공 지식, 지원 동기, 향후 계획에 관해 이야기를 나누었다. 두 번째 면접에서는 개발 중인 상품에 대한 분석과 효율적인 번역 관리 방안에 대한 의견을 발표했다. 그리고 그 자리에서 합격 통보를 받았다. 2017년 9월, 대학원 졸업식 전날이었다.

유학 비자를 갖고 있었기에 합격 통보를 받았다고 해도 바로 출근할 수는 없었다. 회사에서 지원해 주는 행정서사를 통해 취업 비자로 변경하는 데 한 달이 넘는 시간이 걸렸다. 신청서와 졸업 증명서, 경력 증명서, 직무와 관련된 어학 증명서, 이유서 등을 제출했으며 일부는 번역도 필요했다. 11월이 되어서야 '국제업무 및 인문지식' 분야의 취업 자격을 부여받은 새 재류 카드를 손에 쥘 수 있었다.

아직 다닌 지 반년도 채 지나지 않은 새 직장은 일반 기업과는 정반대의 분위기다. 사장부터 아르바이트까지 직급 대신 이름 뒤에 우리 나라말의 '님'에 해당하는 '상(さん)'을 붙여 부른다. 직원의 반 이상이 외국인이라 다양한 언어를 듣는 재미가 있으며, 각종 보고는 업무용 채팅으로 처리한다. 플렉스 타임제가 활성화되어 있어 하루 네 시간의 코어 타임 외에는 각자 생활에 맞춰 근무시간을 조절한다. 지각의 개념이 없으니 일본 지하철의 잦은 고장이나 지연에도 조마조마할 일이 없다. 피치 못할 사정이 있으면 양해를 구하고 재택근무를 활용할 수도 있다. 월 30시간의 야근 수당이 월급에 포함되어 있지만 이를 초과할

경우 별도의 보상이 있으며, 휴가를 갈 때도 눈치 보지 않는다.

회사에서 나는 언어에 상관없이 모든 번역 프로젝트가 기한 내에 높은 품질로 완성될 수 있도록 일정과 인력, 비용 등을 조율하며, 직접 한국어와 영어 문서를 번역하기도 한다. 언어를 통해 다양한 문화 간의 커뮤니케이션을 돕는 일은 나의 가치관, 적성과 밀접하게 관련되어 있어 자연스럽게 열의가 생긴다.

사회생활이므로 가끔은 원치 않는 일을 하기도 하고 크고 작은 갈등을 겪을지도 모른다. 하지만 생활의 중심이 회사가 아닌 나에게 맞춰져 있고 인생에 더해지는 가치와 의미가 있는 노동이기에 지금의 일을 하며 행복하다.

어딘가에 있을 당신만의 일본을 찾아라

지금 나의 꿈은 번역 프로젝트 매니저와 번역가, 그리고 작가로서 전문성과 입지를 다지며 꾸준히 성장하는 것이다. 앞으로 몇 번의 이직이 더 있을지도 모르고, 다시 공부하게 될지도 모른다. 회사에서는 업무에 집중하지만, 퇴근 후나 주말에는 글을 쓰거나 번역 이론과 실무와 관련된 책을 읽는다. 한국어는 물론 영어와 일본어 등의 언어 공부도 게을리하지 않으려 노력한다.

지금까지 내린 많은 결정을 후회한다. 대학교와 대학 전공 선택을 후회하고, 통·번역 대학원 입시를 포기한 것을 후회하고, 장기적 비전 없이 무작정 대기업에 들어간 것을 후회한다.

하지만 덕분에 후회하지 않을 선택이 무엇인지 알게 되었다. 어려운 객관식 문제에서 정답이 보이지 않으면 틀린 답을 제거해 나가면 된다. 오답을 찾는 데 들인 노력과 시간은 결코 낭비가 아니다. 나는 답을 찾으러 일본에 왔고, 이번에는 후회하지 않는다.

퇴사는 회사를 그만두는 것 이상의 의미가 있다. 누구에게는 잠시의 휴식이 될 수 있지만, 또 다른 이에게는 벼랑 끝이 될지도 모른다. 일의 무게는 저마다 다르고 우리는 미래를 예언하는 능력이 없기에 '직장 생활이 너무 힘든데 퇴사해도 될까요?'라고 묻는 이의 등을 함부로 떠밀 수도 없다. 하지만 3년 전의 내 모습에 공감하는 사람이 있다면 '그래도 괜찮다'라고 말하며 어깨를 두드려주고 싶다. 현재의 삶에서 의미를 찾을 수 없다면, 조금 쉬어가는 것도 나쁘지 않다.

끝은 시작과 이어져 있으며, 손을 내밀기 전에는 알 수 없는 새로운 길, 내게는 일본행이었던 그 길이 누구에게나 분명히 존재하기 때문이다. 이것이 당신이 회사를 그만두어도 괜찮은 이유다.

지금이 아니면 안 될 것 같아서

김희진

　대기업은 아니지만 좋아하는 일을 할 수 있는 중소기업에 취업했다. 신입사원이 되었고 두근거리는 심장의 떨림마저 좋았던 첫 출근길을 아직도 기억한다. 춥지도 덥지도 않았던 어느 가을날, 출근하는 수많은 사람 사이에서 정장을 입고, 어엿한 직장인이라는 부푼 마음으로 첫 출근을 했다. 교육 행사를 운영하고 직접 강의를 하면서 아이들을 만났다. 끊임없이 야근하고, 휴일에도 일하고, 스트레스로 몸이 망가져 가도, 아이들의 웃는 모습을 보는 것이 좋았다.

　엄청난 업무량에 지쳐가던 2016년 여름, 일본 센다이 미나미산리쿠로 출장을 갔다. 일본어 통역, 번역을 하며 프로젝트

디렉터로서 행사를 진행했다. 그런데 그곳에서 한국에서 한동
안 맛보지 못한 설렘을 느꼈다.

오랜만에 일본에 갔다는 자체도 좋았지만, 현지에서 일본인
과 일본어로 대화하고 일본을 느낄 수 있어서 좋았다. 가장 좋
아하는 통·번역을 하면서 내 일본어 능력이 누군가에게 도움이
되었다는 사실에 엄청난 행복감을 느꼈다. 지침과 힘듦이 뿌듯
함과 행복함의 경계를 뛰어넘으려던 찰나, 탈출구를 찾은 느낌
이었다.

부모님 세대 어른들이 보기에는 이 또한 핑계이며, 그 정도
일의 강도도 못 버틴 나약한 존재라고 손가락질 받을지 모르지
만 나는 결국 퇴사했다. 지금이 아니면 안 될 것 같았다. 더 늦
기 전에 일본을 가야겠다는 생각만 머릿속에 가득했다. 당장 내
일 죽을 수도 있는데(!) 한 번쯤 좋아하는 일본에서 살아보고
싶었다. 1년도 못 버틴 애매한 직장 경력을 끝으로 신입사원이
란 명찰을 스스로 떼어냈다. 일본에 가고 싶은 간절한 마음을
적어 늦은 나이에 일본 워킹홀리데이 비자를 신청했다. 다행히
합격했다. 그리고 일본으로 갈 준비를 했다.

28살, 1년간의 방학

남들이 말하는 늦은 나이 스물여덟에 도쿄 땅을 밟았다.

첫 직장에서의 계속된 야근, 출장과 방대한 업무량에 지칠 만큼 지쳐있던 상태였기에 처음에는 일본 취업에 대한 생각이 전혀 없었다. 일본 생활이 안 맞을지 모르니 일단 1년을 살아보고 다음 진로를 정하기로 했다.

대학 입시를 위해 달렸던 중·고등학교 시절, 취업을 위해 스펙을 쌓느라 정신없이 지나간 대학 시절, 일하느라 바빴던 20대 중반. 그동안 쉼 없이 달려왔으니 1년 동안은 하고 싶은 것 실컷 하고 싶었다. 그렇게 남들이 당연하게 가는 안정된 루트에서 벗어나 도쿄에서 나만의 자유 넘치는, 조금은 늦은 방학을 시작했다.

아이들을 좋아하는 마음으로 시작한 방과 후 일본 초등학생 아이들 돌보기, 일본어 통·번역, 일본어 선생님, 한국어 선생님, 일본 여행 정보 소개 에디터 등 다양한 일을 하면서 프리랜서로서의 자유로운 일상을 즐겼다.

애니메이션 〈너의 이름은(君の名は。)〉 배경지를 직접 보고 싶어서 갑자기 나가노에 다녀오기도 하고, 계획 없이 새벽에 일어나 첫차를 타고 다테야마의 눈 덮인 산을 보고 오기도 했다.

여행하면서 사진과 동영상을 찍어 그 지역의 매력을 알리는 에디터 일도 보람차고 재미있었다. 이 모든 일 경험과 휴일은 워킹홀리데이 비자였기에 가능했다. 어딘가에 속하지 않고 일하고 싶을 때 일하고 여행 다니고 싶을 때 여행하면서 1년간 나만의 방학을 알차게 채웠다. 말 그대로 워킹(일하고)·홀리데이(휴일)였다. 일본의 사계절을 흠뻑 만끽할 수 있었던 일본에서의 방학은 충분히 성공적이었다.

취업 준비생이 되다

1년간 회사나 진로를 잊고 워킹홀리데이를 충분히 즐겼다. 생각보다 1년은 금방 지나갔다. 익숙해진 일본 일상과 헤어지려니 아쉬웠다. 흩날리는 봄의 벚꽃, 여름 하늘을 수놓는 불꽃놀이의 화려함, 붉고 노랗게 물든 가을 낙엽, 거리를 화려하게 장식하는 겨울 도심의 일루미네이션! 이 모든 낭만 가득하고 설레는 일본의 일상을 다시 한 번 즐기고 싶었다. 아직 못 먹어본 맛있는 음식, 걸어보지 못한 예쁜 거리, 못 가본 축제와 관광지가 눈앞에 아른거렸다. 이대로 한국에 돌아가면 분명 후회할 것이다. 한 번뿐인 인생 후회 없이 살고 싶다!

한국에서 프리랜서 일을 할지, 일본에서 취업해 경력을 키

울지에 대한 고민이 시작되었다. 평일에는 직장을 다니며 경력을 쌓고, 휴일에는 일본의 일상을 마음껏 즐기는 두 번째 워킹+홀리데이의 삶을 즐기고 싶었다. 결국, 미래의 프리랜서 일에도 도움이 되리라는 판단에, 일본 회사에 취업해 경력을 쌓기로 했다. 타국에서 일하기는 생각보다 만만치 않겠지만 힘든 만큼 배울 것도 많을 것이다.

워킹홀리데이 비자가 끝나기 3개월 전, 취업 준비생이 되었다. 이직 공고 사이트에 가입하고, 기업의 지원 공고를 꼼꼼하게 살펴보고, 지원 하고 싶은 기업을 리스트 업 했다.

가장 먼저 한 일은 이력서 작성이다. 일본의 이력서에는 가족 사항이나 키와 몸무게를 적는 칸이 없다. 외국인을 차별하지 않기 위해 국적을 적는 칸도 없다. 오로지 나의 능력에 대해서만 적으면 된다. 학력과 간단한 경력, 자격증 정도만 적으면 되는 간결함이 좋았다. 그렇게 작성한 '이력서'와 지금까지의 경력을 기술한 '직무 경력서'라는 무기를 들고 정장이라는 갑옷을 입고 일본 취업 준비생 대열에 합류했다.

면접의 질이 다르다

일본 취업을 준비하면서 가장 인상 깊은 경험은 '면접의 질이 다르다'라는 것이다.

주량은 어떻게 되는지, 아버지 직업은 무엇인지, 동생은 뭐 하는지, 결혼할 예정인지, 남자친구는 있는지와 같은 직무와 관계없는 질문은 절대 안 한다. 이런 질문들은 한국인 면접관들에게 실제로 들었다. 일본기업과 한국기업을 동시에 면접을 보았기에 두 나라의 면접 방식 차이를 극명하게 느꼈다.

내가 일본에서 면접 본 한국기업은 일본에 지사를 둔 한국기업이나 한국인이 일본에 세운 기업이었다. 대부분의 한국 기업은 30분이면 면접이 끝났는데 일본 기업은 1시간 정도 걸렸다. 1시간 30분을 본 일본 기업도 있었다. 이렇게 길게 면접을 봐도 대화를 나눈다는 느낌이어서 면접 시간이 길다는 생각은 안 들었다.

몇몇 기업의 한국인 면접관 태도가 좀 다른 의미로 인상 깊었다. 면접 중 휴대전화를 보거나 담배를 피우고, 본인이 늦게 와서 면접을 늦게 시작했는데 사과도 안 하거나 담배 냄새 풍기며 반말로 면접하기도 했다.

그러나 내가 만났던 일본기업의 일본인 면접관들은 달랐다. 면접관들은 회사에 대한 설명과 내가 지원한 직무와 일에 관한 이야기를 해주었고, 나의 능력, 인성, 적성에 대해서만 파악하려고 했다. 개인적으로는 한국 면접관과의 면접보다 기분 좋게 이야기를 나누었다. 일본인 면접관들은 내가 하는 말을 신중하게 듣고 그 이야기 속에서 다시 질문을 던지고 나는 또 그에 적당한 대답을 한다. 혹 거짓이 있으면 이 꼬리에 꼬리를 무는 질문에 본심을 들킬 수 있지만 솔직하게 이야기했기에 항상 큰 문제 없이 면접을 볼 수 있었다.

일본에 온 이유, 일본어를 공부한 이유, 한국 기업이 아닌 일본 기업을 지원한 이유 등의 질문은 어느 기업이든 같았다. 한국에서의 직장 경험이 있었기에 전 직장에서 구체적으로 어떤 일을 했는지에 대한 질문이 많았다. 그렇기에 전 직장을 그만둔 이유도 중요했다.

가장 가고 싶은 기업의 최종 면접은 프레젠테이션을 만들어서 갔다. 기업을 분석하고 입사하면 하고 싶은 일 등을 프레젠테이션했다. 대부분의 일본 사람들은 이렇게까지 안 하기에, 프레젠테이션이나 작업물을 준비해간 내가 열정적인 사람이라는 인상을 주어 좋은 결과가 있었던 것 같다.

어떤 회사를 가도 역질문 시간이 있는데 이 시간은 내 매력을 어필할 수 있는 또 다른 기회이기에 역 질문용 노트를 만들어서 철저하게 대비해 질문했다. 내 질문을 듣고 진지하게 생각해주고 대답을 해줘서 나 또한 회사를 판단하는 데 도움이 되었다.

일본 회사 대부분은 면접이 끝난 후 엘리베이터 앞까지 배웅해주며 엘리베이터 문이 닫히는 순간까지 고개를 숙여서 인사해주었다. 이러한 일본 기업의 면접 질에 나는 놀랐으며 반했다. 한국에서 소모품으로 취급받았다고 느꼈는데 (물론 내가 다닌 회사에서의 한정적인 경험이긴 하지만) 지금 내가 다니는 회사에서 면접할 때는 나를 하나의 온전한 인격체로 대해준다는 강렬한 느낌을 받았다. 이런 회사라면 나 같이 마음 여린 사람도 잘 다닐 수 있을 거란 생각도 들었다.

합격했다고 끝이 아니야

가장 입사하고 싶었던 기업에 최종 합격 연락을 받았다. 하루만 신났고 아니나 다를까 새로운 문제가 발생했다. 가장 먼저 직면한 문제는 '신원보증인' 문제였다. 일본에서는 입사할 때 신원보증인을 요청하는 일이 많다. 일본인은 자신의 부모님이 신원보증을 해주면 되지만 나는 외국인이므로 일본인에게 신원 보증을 받아야 했다. 거절당할 것이라고 예상은 했지만 실제로 그나마 인연을 이어오고 있던 일본인 지인들에게 전부 거절당했다. 신원보증인은 무조건 일본인이어야 하고 신원보증인의 인감증명서도 필요했기에 이대로 입사를 못 하게 될까 초조했다.

결국, 고마운 한국인 지인이 도와줘서 신원보증인 문제는 무사히 해결되었지만 해결되기 전까지 정신적으로 매우 힘들었다. 회계 관련 일이 아님에도 신원보증인이 필요한 이유는 개인 정보 유출, 라이벌 회사에 정보 누설 등의 염려가 있기 때문이라고 한다. 입사 필수조건이었기에 지인이 도와주기 전까지는 어떻게 될지 몰라 불안했다.

신원보증인 다음으로는 '취업 비자 준비'라는 거대한 과제가 나를 기다렸다. 회사 측의 배려로 행정서사를 통해서 비자를 준비했기에 힘든 일은 별로 없었지만, 한국에서 준비해야 할 서류가 대부분이어서 한국에 있는 어머니가 고생하셨다. 어머니도 행정서사도 발 빠르게 움직여줘서 워킹 비자 만료 1주일 전에 재류 자격변경신청을 할 수 있었다. 입국관리소가 바쁜 시기와 겹쳐서 취업 비자가 늦게 나와 입사 일이 변경되는 해프닝도 있었다.

고용 건강검진을 받고, 월급 통장을 만들고, 한국어로 된 증명서를 일본어로 번역하고, 연금 수첩을 만들었다. 일본은 회사에서도 사인이 아닌 도장을 주로 사용하는데 막도장 개념의 편한 잉크내장형 도장인 '샤치하타'를 만드는 일도 입사 준비 목록 중 하나였다. 성만 넣을 것인지 이름 전체를 다 넣을 것인지에 대한 고민도 했지만, 성만 넣어서 샤치하타를 만든 것을 끝으로 무사히 입사 전에 필요한 모든 준비를 끝낼 수 있었다.

회사 입사를 하는데 이렇게 많은 서류와 준비가 필요한지 몰랐기에 합격을 하고 나서도 마음 편하게 지낼 수 없었지만 새로운 시작을 위한 즐거운 준비였다.

워홀러에서 회사원으로

2017년 12월 중순부터 2018년 2월 중순까지 두 달을 투자해서 취업에 성공했다. 지원한 회사는 70곳 이상, 면접을 본 횟수는 22번, 최종 내정을 받은 회사는 6곳이었고, 중도 포기한 회사는 8곳이었다. 워홀러로서의 시즌1 생활을 끝내고, 2018년 3월, 회사원으로서 시즌2 생활을 시작했다.

회사가 처음인 완전 초짜 신입 사원은 아니지만, 일본인이 대부분인 직장에서 일하기는 처음이기에 다시 신입사원으로 돌아간 기분이다. 회사에 잘 적응할 수 있을지 아직도 걱정이지만 특유의 친화력을 발휘해 동료들에게 조금씩 다가가고 있다. 동료들과 친해져서 일 끝나고 같이 맥주 한잔할 수 있으면 좋으련만 대부분 퇴근하면 집으로 슝 가버리기 때문에 아직 누군가를 사적으로 만난 적은 없다.

직원 대부분은 자신의 책상에서 도시락을 먹고 책을 보면서 점심시간을 보내거나 혼자 식당에 가서 밥을 먹으며 자신만의 시간을 보낸다. 함께 밥을 먹고 뭐든지 함께 했던 한국과는 전혀 다른 분위기다. 최대한 일본인 동료들에게 먼저 다가가 말을 걸면서 친해지려고 노력 중이다. 아직은 일본인의 겉과 속이 다른 차가운 벽에 좌절할 때도 있지만 조금씩 그 벽을 두드리며 다가가 보려 한다.

일본에서의 회사 생활은 보고서 작성부터 물음표투성이고, 알아가야 할 일과 해야 할 일로 가득 차 있다. 거의 매일 컴퓨터 앞에서 머리를 싸매고 일과 싸우고 있다. 개인주의 경향이 있는 일본 사람들 사이에서 여럿이 익숙했던 나는 때때로 고독하고 외롭다.

하지만 아직은 집에서 도시락 싸 와서 먹기도 재미있고 다른 부서, 같은 부서 동료들과의 점심 약속이 있으면 그 날만을 손꼽아 기다리기도 한다. 회사에서의 새로운 사람들과의 만남, 새로운 경험은 생활의 큰 자극이자 즐거움이다. 한국과 똑같이 퇴근할 때 주변 동료들의 눈치를 보면서 시계만 쳐다보기도 하고, 잠이 오면 괜히 화장실을 다녀오기도 한다. 한국과 비슷하기도 하고 다르기도 하다. 하나씩 적응해가며 오늘도 일본에서의 직장 생활과 일상을 보내고 있다.

에필로그

앞으로 펼쳐질 일본에서의 사회생활도 한국과 다르지 않게 힘들 것이다. 한국보다 힘들면 더 힘들었지 덜 힘들지는 않을 것이다. 일본도 야근이 당연한 사회이고 언어도 다르고 문화도 다르므로 동기들보다 일을 배우는 속도도 느릴 것이다. 한국에서 눈물 마를 날이 없었을 만큼 힘든 회사 생활을 해봤기에 회사 생활에 트라우마가 있는 내가 다시 회사원으로 돌아왔다는 것은 특별한 의미가 있다. 여전히 여러 가지 걱정과 고민이 있지만 힘들게 합격한 만큼 즐거운 마음으로 회사에 다니며 트라우마를 극복해보려 한다.

29살, 흔히 말하는 늦은 나이이지만 누구나 쉽게 할 수 없는 경험과 경력을 쌓고 싶다. 능력 있는 멋진 회사원이 되고 싶다. 어떤 선택을 하든 항상 응원해주고, 항상 내 편인, 세상에서 가장 사랑하는 엄마를 위해서라도 두려움을 극복하고 일본에서 많이 성장할 것이다. 여전히 어린 아이처럼 엄마 품이 그립고 너무 보고 싶지만, 열심히 일해서 돈 걱정하지 않고 한국을 편하게 왔다 갔다 할 수 있게 되는 것이 지금의 목표다.

취업 준비 중 수많은 면접관과 만나 이야기를 나누며 하고 싶은 일에 대해 확신을 할 수 있었고 꿈을 더 구체적으로 꿀 수 있게 되었다. 막연하게 관심이 있다고 생각했던 직무들 속에서 진심 어린 그들의 조언 덕분에 나에게 맞는 자리를 찾을 수 있었다. 다시는 이런 긴 취업 준비는 못 할 것 같지만 두 달간의 취업 준비는 일본에서였기에 더 특별했고, 앞으로 살아가는 데 큰 도움이 될 소중한 경험이었다.

앞으로 일본에서 더 유창한 통·번역 실력을 쌓고 싶다. 일하면서도 배워 갈 것이고 개인적으로도 공부를 많이 할 것이다. 일본에서만 배울 수 있는 일본어가 있다고 생각한다. 외국인이 다섯 명뿐인 일본인만 가득한 회사에서 일본어로 일하는 좋은 환경을 적극적으로 잘 활용할 생각이다. 일본에서 쌓은 경력과 일본어 실력으로 미래에는 프리랜서로서 통·번역과 일본어 교육을 하고 싶다. 일본에서의 생활을 쓴 책도 출간하고 싶다.

이곳에서 오랫동안 일상을 보내다 보면 매일 스쳐 지나가는 풍경이 더는 아름답게 보이지 않는 순간이 올 수도 있겠지만, 지금은 일상을 여행처럼 보내고 있다. 내가 좋아하는 일본을 마음껏 느끼며 조금 더 도쿄와 친해질 것이다.

일본 취업에 대한 몇 가지 오해

모모

3년간 일본 회사의 '채용 리크루터'로 활동하고 블로그로 취업 상담을 하면서, 200명에 가까운 외국인과 일본인 취업준비생을 만났다. 다양한 국적의 이들과 이야기하다 보면, 자란 환경은 달라도 모두 비슷한 고민과 걱정을 하고 있음을 알게 된다.

그런데 다른 국적의 사람들에게는 들어 본 적이 없지만, 한국 사람들이 무척 자주 하는 취업 관련 질문이 몇 개 있다. 대부분 한국 사람은 신경 쓰지만, 일본 기업으로서는 사소하게 느끼는 내용이다. 여느 뉴스나 기사에서 말하는 통계적인 이야기가 아니라, 나의 경험과 리크루터 활동을 하면서 접한 사례들을 중심으로, 우리가 가진 일본 취업에 관한 몇 가지 오해들에 관해서 이야기해 볼까 한다.

우리는 왜 숫자에 연연할까?

채용 설명회에서 한국인 취업준비생을 만나면 본래 알았던 사람처럼 반갑고 기쁜 마음이 든다. 하지만 상담이 끝나고는 마음 한구석이 불편해 올 때가 있다. 왜 유독 한국 사람들만 그 단어에 집착하는 걸까.

"한국 사람을 뽑는 회사가 많나요? 합격률이 얼마나 되나요?"

언제부턴가 목표와 꿈보다 훨씬 자주 언급되는 그것, '합격률'이다. 산수 문제 하나를 풀어보자. 나는 2천여 명의 사원 중 외국인 사원이 두 명뿐인 일본 화학 회사에 입사했다. 한국인은 내가 처음이었다. 내정을 받던 날, 채용 담당자는 내가 한국 사람이라서가 아니라, 적성과 목표가 회사와 잘 맞아서 합격했다고 말했다. 취업 당시, 내가 현재의 회사에 합격할 수 있는 확률은 몇 퍼센트였을까. 한국인이 없었으니까 0%? 외국인 지원자 50명 중 한 명을 뽑았다고 하니까 2%? 그렇다면 나는 0~2%인 일을 이루어 낸 엄청난 사람인 걸까. 채용 담당자가 합격 요인이라고 말하는 적성과 목표를 어떻게 확률로 표현할 수 있을까.

두 번째 문제. 내가 합격률 질문을 들을 때마다 꼭 소개하는 친한 친구 S 군의 이야기다. 학부에 재학 중이던 S 군은 빨리 일을 하고 싶은 마음에 대학원 진학을 포기하고 취업 전선에 뛰어들었다. 일본인에게는 없는 군대 경험과 한국에서의 건설 현장 아르바이트 경험을 어필, 일본의 3대 건설회사라 불리는 기업의 기술직으로 내정 받았다. 사실, 일본의 기술직 채용은 석사졸업 이상을 요구하는 것이 일반적이다. 그를 제외한 입사 동기는 모두 석·박사 출신이었다. 취업 당시 S 군이 그 회사에 합격할 확률은 몇 퍼센트였을까. 그는 불가능을 가능케 한 신과도 같은 존재인 걸까. 일본인과 다른 그의 경험을 어떻게 확률로 환산할 수 있을까.

확률이라는 것은 모든 경우의 수를 따져서 어떠한 일이 일어날 비율을 계산하는 것이다. 외국인의 일본 취업이란 일본에서 이루어지는 취업 전체에서 보면 매우 특수한 케이스에 속한다. 외국인 채용 공고의 지원 자격을 정확히 만족시켜서 합격하는 예도 있는가 하면, 외국인을 채용한 적이 없는 기업의 채용 설명회에 참가했다가 좋은 인상을 남겨서 내정으로 이어지는 일도 있다. 다시 말하면 정도正道가 없다. 경우의 수를 따지기 어려울 정도로 다양한 가능성이 있기에 합격률이 별 의미가 없다고 생각한다.

우리를 괴롭히는 숫자가 한 가지 더 있다.

"일본은 나이가 많으면 취업이 안 되나요? 포기하는 게 나을까요?"

"나이가 많아도 들어가기 쉬운 업계가 있을까요?"

한국인 취업준비생들에게 귀가 아플 정도로 많이 받는 질문이다. 회사와 업계에 따라서 차이는 있을 수 있지만, 나이 때문에 꿈과 목표를 통째로 바꿀 필요는 없다고 확신한다.

일본 취업 당시, 나는 3년의 취업 공백 기간이 있었다. 대학시절에 아르바이트와 일본어능력시험 공부를 핑계로 휴학했던 1년, 일본어 학교에서 보낸 1년, 일본에서 대학원에 진학하기 위해 연구생으로 보낸 1년. 거기에 경영대학원에서 보낸 2년을 합치면, 일반적인 신졸 취업준비생(학부 졸업 예정자)보다 5살이나 많은 셈이 된다.

그러나 일본에서 취업 활동을 하면서 5살 많다고 불이익을 당한 적은 한 번도 없었다. 대신, 취업 공백 기간에 관한 질문을 많이 받았다. 그동안 무엇을 했고, 무엇을 느꼈으며, 그 일들이 나에게 어떠한 의미가 있었는지에 관해 물었다. 면접이 진행되었던 12개 기업은 모두 내 나이보다는 나의 경험과 그에 따른 변화에 집중했고 관심을 가졌다.

오해하지 말아야 할 것이, 일본 기업들이 나이를 전혀 보지 않는다는 이야기는 아니다. 일본에는 아직도 종신고용이 많아서, 신입 채용에 있어서는 한 살이라도 어린 인재를 채용, '자사의 인재'로 육성하려는 기업이 적지 않다. 일본 대학생들 사이에서는 일본계 종합상사나 금융회사는 나이에 엄격한 편이어서 한 살이라도 많으면 자동 필터링 된다는 흉흉한 소문이 있을 정도다.

단, 일본인들에게는 조금 미안한 이야기지만, 나이에 관해서는 '외국인 특혜'라는 것이 어느 정도 존재한다. 외국인의 경우, 일본어 학교나 진학을 위한 준비 기간 때문에, 혹은 해외에서 직장 생활을 하다가 뒤늦게 일본행을 결심해서 나이가 많아지는 사례가 꽤 있다. 일본 기업들도 외국인 중에는 일본에서 말하는 현역現役 재수나 공백 기간 없이 진학하거나 취직하는 것이 많지 않다는 것을 알고 있어서, 나이에 대해서는 비교적 관대한 편이다. 취업 당시 여러 회사의 채용 담당자에게 나이 제한에 대해 문의해 보았지만, 모두 현역 학생들보다 나이가 많은 이유에 관해서 설명할 수만 있으면 문제없다는 대답이었다.

안타까운 것은, 한국 이외 국가의 유학생에게 합격률이나 나이에 대한 질문을 받아 본 적이 없다는 것이다. 다른 나라 국적의 취업준비생들은 주로 본인이 희망하는 회사 스타일을 말하며 어떻게 준비하면 좋을지 조언을 구하지만, 많은 한국 사람들은 자신의 스펙과 나이로 합격 가능성이 큰 업계와 회사를 알려달라고 말한다. 일본에서의 취업 활동은 나를 뽑아 줄 법한 회사 찾기가 아니라 나에게 맞는 직장 찾기가 되어야 한다.

수치적으로 유리하지 않다고, 나와 비슷한 스펙으로 합격한 사례가 없다고 겁내지 말자. 일본에서는 외국인 채용, 국적을 묻지 않는 글로벌 채용이 급속도로 늘어나고 있다. 또한, 채용 리크루터들에게 숫자에 연연하는 자신감 없는 모습을 보이면 안 된다. 리크루터는 취업에 대해 상담하고 조언하기도 하지만, 본래의 역할은 인재를 찾아서 기업에 소개하는 것이다.

신졸 채용의 키포인트는 '자기분석'

"스펙이 토익 점수밖에 없는데, 일본 취업이 가능할까요?"

"왜 영어 공부를 했는지, 그중에 왜 토익을 택했는지, 왜 그것이 나의 어필 포인트인지, 이런 것들을 말할 수 있을 정도로 자기분석이 되어 있으면 충분히 승산이 있어요."

일본인 취업준비생들이 신졸 취업을 준비하면서 가장 많은 노력을 쏟는 부분은 스펙이 아닌, 바로 '자기분석自己分析'이다. 자기분석이란, 자신에 관해 탐구함으로써 자신의 장단점, 내가 하고 싶은 일과 할 수 있는 일 등을 명확히 하는 것을 의미한다.

물론 일본에서도 경력직 채용이나 특별한 직업적 특성이 존재할 때는 외국어 등의 업무 스킬을 지원 조건으로 제시하기도 하지만, 경력이 전혀 없는 신졸 채용은 목표와 적성, 인품 등을 중점적으로 보는 것이 일반적이다. 일본에서 막 취업을 시작했을 때 엔트리 시트ㅜㄴㅏㄴㄴㅏ-ㄴㅏ-ㅜ 기업이 취직 희망자에게 이력 항목, 질문에 대한 답변을 기재하여 제출하게 하는 채용 서류. 한국의 자기소개서와 비슷하다에 토익 점수나 자격증 기입란이 없는 회사가 많은 것이 그저 신선하게만 느껴졌다.

하지만 일본 기업들의 '나'에 대한 질문은 구체적이고 집요하다. 구체적인 꿈과 목표, 행동 하나하나의 동기와 심경의 변화, 그것으로 인해 달라진 점 등을 묻는다. 대답하기가 절대 쉽지 않았다. 자기 분석의 중요성을 간과하고 지나가면, 나에 대한 질문에 나와 상관없는 답변을 늘어놓는 실수를 저지를 수 있다. 리크루터 면담에서 만난 K 군도 그랬다.

"일본에 오게 된 동기가 무엇인가요?"

"친척이 일본에 계시거든요. 어릴 때 일본으로 오셨는데… 그래서 친척이…"

"그분이 어떤 영향을 미쳤나요?"

"마침 일본 유학을 추천해 주셨어요. 친척이 나온 학교가… 그런 전공을 하셨는데…"

K 군은 한국에서 외국어 고등학교를 졸업하고, 일본 명문대에 재학하면서 다양한 국제교류 단체와 이벤트에 참여한, 그야말로 완벽한 스펙의 학생이었다. 나는 K 군에 대해 더 알고 싶어서 여러 가지 질문을 던졌지만, 본의 아니게 얼굴도 모르는 K 군의 친척 이야기를 10분이나 들어야 했다. 친척이 일본 유학을 추천했을 때, 그저 듣고 지나칠 수도 있고 다른 나라를 택할 수도 있었을 것이다. 친척 이야기뿐 아니라 그로 인한 K 군의 심경이나 상황의 변화에 대해 듣고 싶었지만 끝내 듣지 못했다.

나도 일본에서 자기 분석이라는 것을 하기 전까지, 내가 한 것과 다른 사람이 한 것, 내 안에서 일어난 일과 주변에서 일어난 일을 구분하지 못했던 경험이 떠올랐다. K 군에게 다음 면접 때까지 다시 한 번 자기분석을 해 볼 것을 조언했다. 면담에서는 일단 떨어뜨리지 않고 1차 면접을 볼 수 있게 했지만 안타깝게도 다음 면접관에게 좋은 인상을 주지 못했다.

"K 군말이야. 언어 실력도 상당하고, 경험도 다양한데, 자기 자신에 대해서는 잘 모르는 거 같더라고."

자기 분석에는 정해진 방법이 없지만, 일본에서 취업하는 많은 사람은 왜-왜 분석(なぜなぜ分析)을 활용한다. 왜-왜 분석이란 도요타 자동차가 고안해 낸 분석법으로, 어떤 문제에 관하

여 '왜'라는 질문을 반복해서 숨겨져 있던 인과 관계와 주요 원인을 규명하는 방법이다. 자기분석에 왜-왜 분석을 활용하는 사람이 많은 이유는 면접에서 왜-왜 분석의 화법을 사용하는 기업이 많기 때문이다. 왜 일본에서 취업을 결심했나요, 왜 모국이 아닌 타국인가요, 왜 많은 나라 중에 일본인가요, 왜 그런 생각을 하게 되었나요, 왜왜왜….

나는 취업 당시 자기분석에만 3개월이 넘게 걸렸다. 시작할 때에는 이삼일이면 끝나리라 생각했지만, 난생처음 해 보는 자기분석은 생각처럼 간단치 않았다. 종이 한 장을 꺼내어 어릴 적부터 지금까지 일어난 모든 사건과 행동을 순서대로 열거하고, 매일매일 생각나는 대로 인과 관계가 있는 것들을 연결했다. 길을 걸으면서, 잠자리에 들면서, 끊임없이 '왜'라는 질문을 반복했다. 상관없다고 생각했던 일들이 연결되고, 잊고 지냈던 사건 사고들이 하나씩 떠올랐다. 내가 일본 취업을 결심하는 데에는 열 가지나 넘는 에피소드와 심경의 변화가 영향을 끼쳤다는 사실도 이때 깨달았다.

"당신의 세일즈 포인트를 알려주세요"

일본 신졸 채용의 엔트리 시트와 면접에 자주 나오는 질문이다. 신졸 채용에서 말하는 세일즈 포인트란 토익 점수나 자격증이 아니라 '내가 꼭 어필하고 싶은 나의 장점' '남과 다른 나만의 특징'을 의미한다. 취업 시즌이 되면, 우리는 '나'라는 상품의 영업 사원으로 변신해야만 한다. 영업 활동(취업 활동)을 시작할 때가 되었다면, 더는 상품의 사양(스펙) 체크에 목매지 않기를 바란다. 지금은 일본 기업이 상품(나)에 대해서 어떤 질문을 해도 막히지 않고 대답할 수 있도록, 나를 꼼꼼하게 분석하고 파악해야 할 타이밍이다.

그들과 같은 옷을 입고, 같은 가방을 들 필요는 없다

검은 투피스 정장에 새하얀 셔츠. 장식 없는 검정 구두에 A4용지가 너무 딱 맞아서 좁다고 소리칠 법한 직사각형 가방. 일본에서 말하는 리크루트 수트リクルートスーツ 취업 활동 중에 착용하는 획일적인 정장을 의미의 모습이다. 이것 때문에 우리의 고민거리가 하나 더 늘어난다.

"복장은 어떻게 해야 하나요? 리크루트 수트가 아니면 감점되나요?"

한국인 취업준비생들과 리크루터 면담 일정을 잡을 때마다 받는 질문이다. 나는 언제나 단정한 복장이면 된다고 말해주지만, 답변을 들어도 불안하기는 마찬가지인지, 대부분은 재차 복장을 확인하거나 아예 지정해 달라고 요청한다.

나는 처음부터 리크루트 수트가 마음에 들지 않았다. 각자 다른 꿈과 개성을 가진 젊은이들을 공장에서 찍어낸 모형처럼 똑같아 보이게 만든다. 가격도 만만치 않아서 가난한 유학생이던 나에게는 풀세트 구매가 큰 부담이기도 했다. 결국 내가 생각하는 적당히 단정한 복장을 하고 취업 활동을 했다. 평소에 자주 입던 검정 재킷에 모서리가 둥근 갈색 가방을 들고, 작은 리본이 달린 구두를 신었다.

3개월의 취업 기간 중에 전형적인 리크루트 수트가 아니라고 복장 때문에 문제가 되는 일은 없었다. 뒤에서 "옷차림이 저게 뭐야?"라는 말이 나왔을지도 모르지만, 면접 보고 떨어진 회사는 없으니 적어도 조금 다른 재킷 때문에 불합격할 일이 없는 것만은 확실하다. 내가 이 이야기를 하면, 업계나 회사마다 다르다고 반론하는 사람도 있다. 물론 회사마다 취향이 있을 것이다. 나는 일본에서 가장 보수적이라는 제조 업계에서 일하고 있다. 심지어 우리 회사는 일본에서도 손꼽히는 매우 딱딱하고 옛날 방식을 고수한다고 알려진 회사다. 취업 당시에 제조업부터 IT업계, 서비스 업계 등 다양한 업계의 열두 개 회사 면접을 봤는데, 다행히 내 구두에 붙은 장식에 신경 쓰는 쩨쩨한 회사는 없었다.

때때로 주변 일본 사람들에게 리크루트 수트가 가지는 의미에 관해 물어본다. 아직 이렇다 할 답변을 들은 적은 없다. 그저 단정하게 보이기 위해서, 다들 그렇게 입으니까, 괜히 복장으로 감점당하기 싫어서 등등의 이유로 입는 듯하다. 70~80년대에 취업 복장이 교복에서 정장으로 바뀌면서 일본의 백화점들이 획일화된 리크루트 수트를 판매하기 시작했을 뿐, 이제는 그 상술에서 벗어나야 한다고 이야기하는 사람도 있다. 많은 한국인 취업준비생들이 '리크루트 수트 = 일본의 취업 매너'라는 공식을 떠올리지만, 정작 일본인들은 조금 다르게 생각하는지도 모른다.

"리크루트 수트가 아닌 점이 마음에 드네. 개성 있는 친구야"

면접관을 하고 나온 선배가, 오늘 만난 유학생은 딱딱한 리크루트 수트가 아니라서 좋았다는 평가를 했다. 취업준비생들은 힘들게 취업용 복장을 준비하는데, 면접관은 리크루트 수트가 아닌 학생이 좋았다니. 리크루터 활동을 하면서 만난 일본 기업의 채용 담당자, 인재 파견 회사의 인재 코디네이터(헤드헌터)와 이야기해 보면, 귀국 자녀(부모에 의해 해외 생활을 한 후 모국으로 귀국한 사람)나 외국인이 너무도 완벽한 리크루트 수트를 입고 나타나면 '재미없다', '독특한 매력이 부족해 보인다'고 생각하는 사람이 꽤 있다고 한다. 리크루트 수트라는 선을

210

만들어 놓고, 외국인에게는 오히려 그 선을 넘어갈 줄 아는 자신감과 유연함을 요구하는 셈이다.

결국은 리크루트 수트가 플러스 요인이 된다고도, 리크루트 수트가 아닌 것이 마이너스 요인이 된다고도 딱 잘라 말할 수는 없다. 다만, 내가 만난 채용 관계자들은 모두, 스스로가 이해하지 못한 채 똑같은 옷을 입고 가방을 들 필요는 없다고 입을 모아 이야기한다.

굳이 똑같은 옷을 입을 필요가 없다는 것은, 애써서 똑같이 행동할 필요가 없다는 의미이기도 하다. 면접을 볼 때 몇 분 전부터 대기해야 하는지, 면접실에 들어갈 때 문을 몇 번 두드려야 하는지, 면접 후 답례 메일お礼メール 일본에서는 취업 활동 중 면담이나 면접이 끝난 뒤, 리크루터나 면접관의 연락처를 알면 감사의 메일을 보낸다을 며칠 안에 보내야 하는지…. 한국인 취업준비생들이 무척이나 신경 쓰는 그것들이 일본인들에게는 별거 아닌 경우도 많고, 오히려 틀을 깬 행동을 했을 때 긍정적인 평가를 받는 일도 있다.

일본인과 똑같은 옷을 입고, 똑같이 행동하는 것에 온 신경을 집중시키지는 말자. 일본인과 겉모습을 같게 하려는 노력보다는, 내가 생각하는 단정함과 예의를 믿는 당당함이 일본 취업 성공에 훨씬 큰 도움이 될 것이다.

외국인의 주 무기는 외국어?

일본 취업에서 외국인의 강점은 무엇일까? 우리는 어떤 부분에 자신감을 가지고 취업 활동에 임해야 하는 걸까?

2년 전, 취업준비생 T 군의 면접관으로 들어가게 되었다. 외국인 지원자로는 드물게, 열다섯 살에 일본으로 이주한 중국인 학생이었다. 일본어와 중국어는 네이티브 수준이고, 영어 공부도 열심히 해서 상당한 토익과 토플 스코어를 가지고 있었다. 두 시간의 면접이 끝나고 채용 담당자에게 면접 리뷰를 했다.

"T 군은 트리링구얼(3개국어 능통자)이고, 학외 경험도 많더라고요. 근데 뭔가, 뭐랄까… 그러니까…."

"너무 일본인 같지?"

아, 그거다. 채용 담당자가 한마디로 정리하며 가려운 곳을 시원하게 긁어 주었다. T 군은 이름을 말하기 전에는 외국인인지 모를 정도로, 말투부터 작은 제스처까지 영락없는 일본인이었다. 문제는 그의 대답이었다. 면접 중에 중국에 관한 이야기가 나오면, 한결같은 답변이 되돌아 왔다.

"제가 일본에서 오래 살아서요"

"주변에 중국인이 별로 없어서요"

엔트리 시트에는 본인을 중국과 일본을 넘나드는 글로벌 인재라고 소개했지만, 정작 중국의 정세나 중국 사람의 정서에는 관심이 없어 보였다. T 군은 그해 외국인 지원자 중 가장 언어 실력이 뛰어나고 일본의 문화와 매너에 대해서도 잘 알고 있었지만, 가장 빨리 탈락하고 말았다.

"그때는 외국어가 전부인 줄 알았는데…"

내가 운영하는 블로그의 취업 상담으로 처음 인연을 맺고 이후에 일본 취업에 성공한 사람들을 도쿄에서 만났다. 모두 취업 전에는 다양한 외국어 실력을 쌓는 데 급급했지만, 취업 중에 일본어 외의 외국어 실력을 물어보는 회사는 많지 않았고, 입사 후에도 한국어, 영어를 비롯한 제3의 외국어를 업무상 사용하는 일이 생각보다 적다고 했다. 계약서를 쓰거나 공식 자료를 만들 때처럼 고급 레벨의 외국어가 필요할 경우는 전문 번역가나 상사商社 수출입 무역, 국내외 판매에 관련된 업무를 전문적으로 수행하는 회사에 의뢰하고 있었다. 그렇다고 그들의 역할이 없는 것은 아니다. 각 나라의 상황을 고려한 제품 아이디어를 제시하는 일, 다른 나라와의 사업을 구상하고 기획하는 일, 국제적인 변화를 분석하고 보고하는 일 등, 다양한 일을 하고 있었다.

전문 통·번역가를 꿈꾸는 것이 아니라면, 외국어 실력을 어필하는 데에 너무 많은 에너지를 소비하지 않기를 바란다. 일본 기업은 단순한 외국어 능통자가 아니라, 다양한 나라와 사람을 이해하고 폭넓은 시야를 가진 인재를 더 원한다.

외국인에 대한 편견이 싫다면,
일본 회사에 대한 편견부터 버리자

'A는 나에게 편견이 있을 거야'

이 문장에서 편견을 가진 사람은 'A'일까, 아니면 A가 편견이 있을 거라 단정 짓는 '나'일까.

나는 일본인 동기들과 같은 급여 조건으로 입사했다. 입사 2년 차 때는 무사히 승진도 했다. 입사 1년 만에 큰 성과가 있어서가 아니라, 회사 규정상 석사 졸업자는 입사 2년째에 승진할 자격이 주어지기 때문에 석사 출신 동기들과 함께 승진 시험에 지원하고 통과한 결과였다. 일본 기업의 본사 공채로 입사한 외국인 사원은 대부분 나처럼 일본인 정사원과 같은 계약 조건으로 입사하게 된다.

조금 다른 사례도 있다. 일본 회사에 들어갔지만 일본인 사원들과 성과급이 달라서 속상하다거나, 외국인이라는 이유로 승진이 늦어졌다는 고민을 털어놓는 사람을 블로그를 통해서 만나곤 한다. 처음부터 계약 조건이 국적별로 다르게 산정되어 있는 회사, 해외 현지 채용은 계약 조항이 따로 있는 회사, 수시 채용으로 별도의 급여 협상을 한 회사 등 다양한 사례가 있다. 단, 이러한 경우는 계약할 때 회사가 피고용자에게 설명하는 것이 일반적이다.

"외국인은 일본인보다 연봉도 낮고 승진이 어렵다고 하던데, 그렇지 않은 회사도 있나요?"

"회사마다 다르지요. 그런데, 왜 그런 질문을 하시나요?"

"일본 회사가 외국인을 차별하거나 편견이 있다는 이야기를 들어서요."

"그게… 일본 회사에 대한 편견 아닐까요?"

우리는 이 외에도 일본 회사에 대해 여러 가지 이미지를 가지고 있다. 일본 회사에 다니는 사람들은 혼자서 점심을 먹는다, 회식이 많지 않다, 회사 친구들과 사적인 만남을 가지지 않는다 등. 한국 회사가 모두 드라마 '미생'에 나오는 사무실 분위기와 같지 않듯, 일본에도 다양한 스타일의 회사가 존재한다. 매일매일 선후배 여덟 명의 런치 멤버와 점심을 먹고, 사적인 술자리 권유가 너무 많아서 도망을 다니고, 회사 친구들과 돌아가면서 홈 파티를 하는 현재 나의 직장 생활이, 일본에서는 절대 있을 수 없는 독특한 케이스라고 생각하지는 않는다.

일본 특유의 긴 면접과 회사 견학, 취업 토론회 등 다양한 취업 프로그램을 통해 사원 간의 대화와 사내 분위기를 살필 기회가 많았고, 여러 스타일의 회사 중 현재의 회사를 선택했다. 내가 편견을 가지면 사소한 말과 행동에 그 편견이 묻어날 수 있다. 그리고 그 편견이 열심히 준비한 일본 취업에 찬물을 끼얹을 수도 있다.

취업 당시, 한 의류 회사의 그룹 면접에서 "일본은~", "일본 사람은~"이라는 표현을 너무도 많이 쓰는 한국인 학생이 있었다. 면접이 끝나기 직전, 일본인 면접관이 그 학생을 지목하더니 의미심장한 한마디를 했다. 그 말은 5년이 지난 지금도 뚜렷이 기억하고 있다.

"당신은 일본에서 취업 활동을 하고 있지만, 일본에 대해 불만과 편견이 많은 것 같네요. 무지는 편견을 낳고 편견은 차별을 낳습니다. 지금 당신은 일본에서 일본을 차별하고 있어요."

나를 평등하게 대해 주기 바란다면, 내가 먼저 일본 회사에 대한 편견을 버려야 한다. 편견을 가지고 무심코 흘린 말 한마디가, 나를 폐쇄적이고 고집불통인 외국인으로 낙인찍히게 만들 수도 있다.

에필로그

"1, 2, 3지망 회사에서 내정을 받았어요!"

일본 취업에 관한 블로그를 운영하면서 들은 가장 기분 좋은 말이다. 6개월 전만 해도 본인은 꿈이 없고, 서른 살이 넘어서 기회도 적을 것이며, 일본의 존경어와 취업용 매너에 신경을 쓰느라 노이로제에 걸릴 것 같다고 하소연하던 취업준비생 B 양이었다. 나는 한국인 특유의 편견을 버리라고, 취업을 시작하기 전에 그 오해의 허물부터 벗어 던지고 자신의 능력을 어필할 포인트를 찾으라는 쓴소리를 했고, B 양은 당분간 연락이 없었다. 그리고 반년 만에 일본 취업에 성공했다는 소식을 전해 왔다.

B 양은 종이 한 장을 가득 채울 때까지 자신의 목표와 장점을 찾아서 적고, 그 종이를 들고 다니면서 필요할 때에는 면접에서 꺼내서 설명하기도 한 모양이었다. 자신의 장점은 '밤새 수다 떨기'나 '오타 빨리 찾아내기' 같은 사소한 것들이었지만, 많은 일본 기업들이 관심을 보이며 질문을 했다고 한다. 그녀는 하나둘 면접 합격 통지가 늘어나면서 자신감이 생겨났고, 자연스럽게 그동안의 일본 취업에 대한 오해와 고민은 신경조차 쓰지 않게 되었다고 한다. 1지망 회사에 입사해서 자신의 주특기

인 '끈질기게 말 걸기'로 한국 바이어와 스폰서를 모으는 것이 목표라는 그녀의 메일에서, 전에는 느낄 수 없었던 당당함과 높은 자존감이 느껴졌다.

이 글을 써 내려 가면서, 몇 번이고 내가 이러한 주제를 다룰 자격이 있는지 고민했다. 나 역시 일본에서 채용 리크루터로 활동하기 전까지는 합격률 고민, 스펙과 외국어에 대한 집착, 일본인과 똑같아지려는 노력이 필요하다는 생각에서 벗어나지 못했다. 인재를 찾고 기업과 연결하는 입장에 서면서, 비로소 나와 많은 한국 사람들이 집착하는 일본 취업에 필요한 요소들은 오해이고 편견이라는 사실을 알게 되었다. 무엇이 우리의 자신감을 뺏고, 타인과 비교하면서 숫자와 스펙같은 겉치레에 얽매이게 했는지 여전히 알 수 없지만, 이런 잘못된 생각이 일본에서 좋은 직장과 만날 기회를 막는 방해물임은 확실하다.

지금까지 소개한 이야기들이 정답은 아니다. 일본 취업의 수많은 사례 중 나와 리크루터 활동을 통해서 알게 된 사람들의 단편적인 이야기일 뿐이다. 이 글이 '이렇게 다양한 예가 있다'라는 메시지를 전하고, 혹시 일본 취업에 대한 오해가 있었다면 그것을 부드럽게 풀어 줄 계기가 되었기를 바란다. 지금도 많은 일본 기업들은 '頭の柔らかい(생각이 유연한)' 외국인 인재를 찾고 있다. 이 글을 읽는 당신이 바로 그런 인재일지도 모른다.

Part 3

일본 직장인을 알고 싶다

: 생생(生生) 일본 직장인 라이프

30대, 일본에서 이직 성공하기

오효정

일본에 온 지 어느덧 10년. 일본 생활은 여행 같은 감정이 아닌 일상 그 자체가 되어버렸다. 매일 아침 같은 시간에 전철을 타고 같은 표정으로 직장으로 향한다. 도쿄의 지옥철은 아무리 시간이 지나도 도무지 적응할 수가 없다. 밀폐된 통조림 안의 참치가 된 기분, 가끔은 꾸깃꾸깃 온몸을 접어야 하는 색종이가 된 기분이다. 가방은 어느새 내 손에서 벗어나 사람들 사이에서 떠다니고 팔다리가 욱신욱신 아플 지경이다.

일본에 첫발을 디딘 건 2008년, 한국에서 일본학을 전공하고 교환유학으로 처음 일본으로 가게 되었다. 학교는 동북지방의 센다이仙台에 있었다. 센다이는 우리나라 사람들에게는 대지진이 일어났던 원자력발전소 주변 도시라는 인식이 강하다. 교환유학 전에는 한 번도 일본에 가 본 적이 없어서 센다이의 문화나 풍경이 일본 문화를 대표하는 듯한 착각이 들었다. 도쿄나 다른 지역을 경험하고 나서 생각하는 센다이는 전원적인 도시이며 사람들의 성격도 다른 도시보다 조용하고 소극적인 느낌이다.

1년간의 교환유학이 끝나고 한국으로 돌아왔다. 대학교 졸업 전에 출판에이전시에 취직하게 되었다. 일본 서적을 한국 출판사에 소개하고 판권계약 업무를 대행하는 일이었다. 일을 시작한 지 3개월 정도 지나 조금씩 일에 대해 재미를 느낄 즈음 졸업이 다가왔다.

한국에서 일본회사를 상대로 일을 하다 보니 짧았던 일본생활에 대해 아쉬움이 밀려와 졸업 후 워킹홀리데이를 통해 다시 일본행을 결심하게 되었다. 2010년, 이번엔 나고야였다.

워킹홀리데이 비자로 어떤 일을 할 수 있을지 생각하다 한국어 학원에서 아르바이트로 일을 시작하게 되었다. 워킹홀리데이가 끝나면 한국으로 돌아갈 생각이었지만 시간이 지날수록 일본 생활에 익숙해지고 학원에서 취업비자도 받게 되어 계속 일을 할 수 있게 되었다. 이렇게 시작한 한국어 강사 경력이 어느덧 7년이나 되었다.

한국어 강사를 하면서 학원 경력뿐만 아니라 외부에서의 통역 경험도 쌓았다. 경력이 쌓여서 급여도 일본 평균 시급의 두 배 이상을 받게 되었다. 학원에서 일하며 다양한 사연을 가진 일본인들을 만날 수 있었다. 자격증을 따기 위해 오기도 하고, 배우자가 한국인이라서, 일본에서 태어나고 자란 재일교포인데 한국어를 배우고 싶어서, 일 때문에 한국어를 사용해야 해서 등 한국어를 배우는 이유는 다양했다. 대부분 취미로 한국 사람과 이야기 하고 싶어서, 한국 연예인이 좋아서라는 이유로 오기 때문에 어려운 문법 위주보다 어떻게 하면 재미있게 수업 시간을 보낼지 고민을 많이 했던 것 같다. 마음을 터놓을 사람이 없어서 오는 사람도 간혹 있었다. 학생의 처지에서 생각해 보면, 딱딱한 분위기의 다가가기 힘든 엄격한 선생님이 아닌, 솔직한 이야기를 나눌 수 있는 그런 선생님이었다고 자신을 평가해 본다.

한국어 강사 일을 하는 동안 동료들이 한국인이고 항상 한국을 공부하고 알려야 했기에 한국이 그립거나 하지는 않았다. 학생들이 한국어를 배우는 이유는 모두 제각각이었지만 객관적인 시선을 가지고 있었기에 내가 모르는 내 나라 한국에 대해서도 배울 수 있었다. 때때로 그들의 한국사랑은 나를 뛰어넘었다.

일본에서의 이직

일본에 오래 살면서도 한국어를 가르치고 한국어만 사용하니 점점 일본어 바보가 되어가고 있었다. 다른 일에 도전하고 싶다는 생각이 들었다. 그러다가 일본인 남편을 만나 만25살 이른 나이에 결혼하게 되었다.

2017년 남편의 이직을 계기로 나고야에서 도쿄로 이사를 오게 되었다. 이사하면서 자연스레 전에 다니던 직장을 그만두게 되었다. 경력을 우대받을 수 있는 한국어 학원이나 한국 관련 기업을 위주로 다시 직장을 찾았다.

면접도 보고 몇 군데에서 합격 통보를 받기도 했지만 한국인이기에 꼭 한국에 관련된, 한국어를 사용하는 일만 찾을 필요가 있겠느냐는 생각이 들었다. 한국인이라서 가능한 한국어 강사 같은 일이 아닌, 일본 사회 속으로 들어가 이곳 사람들과 동등한 위치에서 동등한 대우를 받고 경쟁하는 직업을 가지고 싶다는 마음이 생겼다. 나이 서른의 여자, 기혼이라는 조건은 어찌 보면 불리할 수도 있지만, 지금이 마지막 도전이라는 생각이 들었다.

어떤 일을 하면 누군가에게 도움을 주면서
보람을 느낄 수 있을까?

한국어 강사를 하며 들었던 재일교포들의 이야기가 생각났다. 태어나고 자란 곳은 일본인데 국적은 한국이라, 살면서 번거로운 문제가 많아 귀화를 결정하는 분들이 많았다. 나 또한 비자나 영주권 신청을 할 때 힘들었던 경험이 있었다. 이런 생각을 하다가 '행정서사'라는 직업이 떠올랐다.

일본에서 일자리를 찾을 때는 할로워크Hellowork '공공 직업 안정소'라고도 불리며, 주로 직업소개사업을 하는데 민간이 아닌 정부가 운영나 인터넷 구직 사이트를 통해 알아보는 방법이 일반적이다. 이미 무슨 일을 하고 싶은지 결정했기에 인터넷으로 행정서사 사무소를 검색해 홈페이지나 메일을 통해 직접 문의했다. 일본의 행정서사는 우리나라의 행정사와 비슷한 직업인데 관공서에 제출하는 서류를 대행하거나 행정절차를 도와주는 일반 법률전문직이다. 구체적으로 하는 일은 다음과 같다.

- 회사설립, 창업지원, 인허가 취득
- 외국인의 비자, 국적취득
- 도로, 숙박, 금융 등의 인허가 취득과 관리업무
- 보조금 신청 등

지금까지 법 공부는 해 본 적도 없고 행정서사 국가자격증도 없었지만, 나도 외국인이기에 귀화를 생각하는 고객의 입장에서 도움을 줄 수 있다는 장점을 어필했다. 행정서사 업무는 개인 사무소가 대부분이라 인원을 확충하기 어렵다는 연락이 대부분이었다. 하지만 취업 활동을 응원한다는 따뜻한 한마디가 취업 활동에 큰 힘이 되었다.

될 수 있을까 하는 불안한 마음과 설렘을 동시에 안고 이직 활동을 시작한 지 한 달여, 한 회사에서 연락이 왔다. 1차 면접은 여느 회사와 다르지 않은 분위기였다. 30대 기혼 여성이 받을 만한 당연한 질문과 회사에 대한 질문에 대해 답변을 준비해 갔다. 회사 홈페이지를 보고 주요 사원들의 이름과 업무에 대한 정보까지 철저히 공부해서 갔다.

회사에는 이미 내정 받은 2018년도 졸업 예정자들이 인턴으로 일하고 있었고 나도 그 사이에서 1일 인턴을 하게 되었다. 한번은 자발적으로 모두에게 말을 걸어 인터뷰하고 그중 한 명을 골라 그 사원의 장점을 끌어올리는 방법을 발표하는 미션이 주어졌다. 다른 직원들과 얼마나 잘 어울릴 수 있는지를 평가하고 회사의 분위기를 먼저 체험하기 위함인 것 같았다. 이것이 2차 면접이었다.

며칠이 지나 최종 면접 연락이 왔다. 3차 최종면접은 회사

대표와의 대화였다. 1시간 동안의 긴 대화가 이어졌는데 긴장 했던 탓인지 무슨 말을 했는지 기억조차 나질 않지만, 질문에 대한 대답이 설령 상대방과 다르더라도 뜸 들이지 않고 자기 생각을 이유와 더불어 당당하게 말하는 것이 포인트였다고 생각된다. 이러한 연습을 위해 주변 지인들에게 예상 질문을 하고, 나와 생각이 다른 이유를 생각하고 이야기하는 시간을 갖기도 했다. 마지막으로, 주어진 설문지에 체크를 했는데 그중 몇 가지 내용은 다음과 같다.

- 지인에게 어떤 상담을 받는가? 불평에 대한 상담 외 (신뢰도)
- 지금 가장 성장 하고 싶은 포인트와 대책은? (향상심)
- 자신이 만든 그룹이나 조직이 있는가? (창조력)
- 회사의 인상을 한마디로 표현하면? (분석력)
- 최근 어떤 것에 흥미를 느꼈나? (호기심)

  합격통보를 받고 생각해 보니, 면접관의 날카로운 질문으로만 진행되는 면접이 아닌, 나의 이야기에 관심을 가지고 열심히 들어주며, 면접자의 질문에도 알기 쉽고 친절하게 대답해 준 곳은 이곳밖에 없었다. 어떤 동료는 면접의 연장으로 식사를 하며 일 이야기가 아닌, 개인적인 가족의 이야기나 취미 이야기를 나누었다고 한다.

나에게 몇 번에 걸친 면접이 피 말리는 시간이었지만, 그만큼 회사와 서로를 알아가는 충분한 시간이 있었기에 입사를 결정하는데 두려움이 없었다.

일본에서의 두 번째 직장

현재 주로 귀화업무를 담당하고 그 외에 비자, 입찰, 법인설립 등의 업무도 병행하고 있다. 법인과 일반 고객이 반반인데 법인고객은 주로 사업허가와 컨설팅, 개인 고객은 주로 비자와 귀화 업무를 의뢰한다. 귀화 업무는 개인 고객과의 상담을 시작으로 필요한 서류를 관공서에 신청하고 신청서를 작성해 법무국에 제출하는 일련의 과정을 거친다.

며칠 전 귀화신청을 하러 온 중국인은 1시간 정도 상담을 진행하다가 우리 회사를 통해 인허가 등록을 하고 중국 상품을 일본에서 판매하고 싶다고 말하기도 했다. 고객이 무엇을 원하는지를 파악하고 사정을 반영해야 하기에 행정서사의 일은 간단한 서류작성 업무 그 이상이다.

한국인이 주로 문의하는 일은 일본에서의 회사설립, 한국 상품 판매등록, 게스트하우스 허가, 비자, 영주권 등이다.

행정서사에 대해 알게 해주는 일본 드라마가 있다. 일본 아

이돌 그룹 아라시 소속의 사쿠라이 쇼櫻井翔와 호리키타 마키堀北真希 주연의 〈특상 카바치特上カバチ〉라는 일본드라마는 행정서사 사무소가 무대다. 주인공들은 행정 절차를 통해 곤경에 빠진 사람들의 문제해결을 도와준다. 이 드라마에서 사쿠라이 쇼는 행정서사의 보조자 역으로 활약한다. 현재 나도 사쿠라이 쇼처럼 행정서사 보조자 등록을 통해 일하고 있다.

보통 일본 직장에서의 호칭은 야마다 상이나 스즈키 상처럼 성씨에 ~상을 붙이는 것이 보통인데 참 재미있는 것이 나는 회사에서 성씨가 아닌 이름으로 불리고 있다. 우리나라에서는 친근감의 표시로 영미 씨~ 미정 씨~같이 이름으로 부르기도 하고 큰 실례가 되지 않지만, 일본에서는 사적으로 친한 사이가 아닌 경우 무척 실례가 되는 일이다. 그런데도 이름으로 불리는 이유는 중국인 동료 중에 왕(王)씨가 두 명이나 있는데 일본어 발음으로는 왕 씨가 오 씨가 되기 때문에 사장님과의 고민 끝에 효정 씨(효정 상)가 되어 버려서 가끔 선배에게 이름으로 놀림을 받기도 한다. 회사에서 이름으로 불리면 오글거리는 느낌이랄까? 가끔 효정이 성씨인 줄 착각하는 사람들도 있다.

조금씩 회사에 적응하는 요즘, 입사 후 가장 힘든 점이 무엇이냐는 질문을 많이 받는데, 앞서 말 한 것과 같이 출퇴근 지옥철이 가장 큰 스트레스다. 요즘은 만원 전철에서 서서 자는 스킬까지 생겼다.

처음 도전하는 분야기에 어려운 용어도 많아, 다른 사원보다 두 배 이상의 노력이 필요하다. 외국인이라서 특혜나 배려를 받는 일은 없으며 모든 직원에게 같은 기회가 주어진다.

앞서 말 한 것처럼 세 번의 면접을 통한 긴 대화와 1일 인턴의 경험으로 입사 전에 회사와 직원들 간의 분위기나 일하는 방식이 나와 잘 맞는지 미리 확인할 수 있었다. 이런 과정은 지금 직장에 빨리 적응하는 데 큰 도움이 되었다.

선배들의 이야기를 들어보면 처음 입사했을 때 사내의 의견 충돌이나 고객과의 갈등으로 적응이 힘들어서 울기도 했다는데, 나 또한 첫 직장에서는 울기도 하고, 대학생 인턴 기간 중 한 달 만에 회사를 그만둔 일도 있었다. 지금은 그러한 경험들이 쌓여 작은 일은 덤덤히 넘기는 유연함과 여유가 생겼다. 그 당시 상사의 꾸짖음은 나의 성장을 위함이었다는 것을 이제야 알 것 같다.

며칠 전 한 인턴에게 이런 질문을 받았다.

"효정 상은 사회인으로서 가져야 할 마음가짐이 뭐라고 생각하세요?"

나 또한 지금의 직장에서는 신입이지만, 대학교를 갓 졸업한, 사회 경험이 없는 친구들에게는 조금의 조언 정도는 해 줄 수 있게 되었다. 이럴 때 사회인으로서 자신감을 느낀다.

면접 담당 선배의 부재로 1일 인턴으로 온 학생을 안내하고 평가하는 자리가 있었다. 그 학생의 모습에서 6개월 전 내가 겹쳐 보였다. 자신이 짧은 시간에 많은 성장을 했다는 생각이 들었다. 앞으로의 5년, 10년 후 나는 얼마나 발전할지 기대된다.

워크 & 라이프 밸런스

한국어 학원의 수업은 주로 낮부터 저녁 9시, 늦으면 10시까지 수업이 집중되어 있어 퇴근하고 친구와 한잔하는 등의 저녁 시간을 누리기가 힘들었다. 보통의 직장인들이 쉬는 주말이 가장 바쁜 요일이었다. 하지만 오전 시간이 자유로워 집안일도 할 수 있고 친구와 여유 있는 런치를 즐기기도 했다. 붐비는 시간을 피해 개인적인 용무를 보기에도 무척 편리했다.

이사와 이직으로 인한 지역과 직업의 변화에 따라 나의 사생활과 주변 환경에도 변화가 생겼다. 예술에 대한 지식은 없지만 전시회나 공연을 좋아하는데, 나고야에서는 누리지 못했던 문화생활을 도쿄에서는 마음껏 누릴 수 있게 되었다. 매달 어떤 전시회가 열리는지 체크하는 것이 일상의 큰 즐거움이 되었다.

'도쿄 라이프 워크 밸런스 인정기업'으로 선정된 지금의 회사는 개인 생활이 충실해야 일의 질도 향상된다는 생각을 하고 있어서 '리밋7(limit7)'을 도입하고 있다. 늦어도 오후 7시까지는 퇴근해야 해서 리밋7이라고 하는데, 물론 한국과 마찬가지로 퇴근 시간을 지키지 않는 사원들도 많다.

처음 입사했을 때는 일이 끝나고 바로 집으로 가서 그 날 회사에서 일어난 일을 복습하기에 여념이 없었다. 모든 사람이 일하는 시간에 나도 일을 하고, 공휴일에 쉴 수 있다는 점도 보통의 회사원이라면 당연한 일이지만 나에게는 전 직장과 다른 점 중의 하나다. 사회인 치어리더팀에 속한 여자 선배, 자녀와 사교댄스를 배우며 대회에도 참가하는 사장님 등, 일도 사생활도 열정적인 직장 동료들을 보며 자극을 느끼고 있다.

일에 조금씩 적응하고 있는 요즘, 퇴근 후의 개인 생활에도 조금의 여유가 생겼다. 사생활에 만족하고 충실한 사람은 일할 때의 표정도 밝고 의욕적이다. 어떻게 하면 일과 사생활을 조화롭게 접목할 수 있는지가 입사 반년이 지난 나의 최대 고민이다.

에필로그

매일 아침, 많은 사람이 무표정한 얼굴로 무채색 옷을 입고 만원 전철에 몸을 맡기며 하루를 시작하지만 나뿐 아니라 내 옆에 서서 꾸벅꾸벅 졸고 있는 아저씨도, 한껏 복장에 힘을 준 신입사원도 모두 마음속에는 내일을 향한 희망을 품고 있을 것이다.

일을 통해 다른 사람에게 직접적인 도움을 주고, 나 자신이 회사에 도움이 되고 있음을 실감한다. 내 가치를 높이고 더 잘되고자 하는 마음이 들게 해 주는 지금의 일과 직장에 만족한다. 취업은 끝이 아닌 새로운 시작이기에 앞으로도 끊임없이 노력할 것이다.

앞으로 일본에 오는 한국인분들과 인연이 닿아 비자 업무나 회사 설립 등 여러 절차를 도와 드릴 수 있기를 기대하며, 다른 환경과 사람들 속에서 취업 활동을 하고 열심히 일하는 모든 이들을 응원한다.

일본의 대졸 신입 공채와 그 후의 삶

이예은

학창시절에 공부 열심히 하라는 말을 들어보지 않고 자란 한국 사람은 몇 없을 것이다. 공부 좀 못해도 괜찮다고 누누이 말씀하셨던 우리 부모님도 중학교 첫 시험에서 55점짜리 수학 성적표를 가지고 오자 다급히 학원을 알아보셨고, 등수가 오를 수록 다른 사람 앞에서 딸을 자랑하는 빈도도 늘어났다.

'공부 잘하면 뭐가 좋아요?'라는 물었을 때, 초등학교 6학년 담임선생님은 당장 꿈이 없어도 대학을 나오면 직업 선택의 폭이 넓어진다고 말씀하셨다. 중학교 2학년 도덕 선생님은 다른 특출 난 재능이 없으면 4년제 대학이라도 가야 입에 풀칠할 수 있다며 으름장을 놓았다. 공부가 밥벌이의 고됨을 줄여준다는 믿음이 한국 사회에는 건재한 것이다.

일본으로 향하는 취업준비생

하지만 실업자 수 100만 명, 청년 실업률이 10%에 육박하는 대한민국에서 대학이 취업을 보장해준다고 말하기는 어렵다. 한국경영자총협회 조사에 따르면 2017년 직원 300명 이상인 기업에 신입사원으로 지원할 경우 경쟁률은 약 38.5대 1, 이는 지원자 100명 중 97명 이상이 탈락한다는 뜻이다.

이런 상황에서 2017년 일본 대학생 97.6%가 취업에 성공했다는 소식은 마냥 부럽게만 느껴진다. 이 수치는 일본 문부과학성(文部科学省)과 후생노동성(厚生労働省)에서 62개 대학에 재학 중인 졸업예정자 4,770명을 대상으로 조사한 결과로 6년 연속 상승세라고 한다. 물론, 졸업생 전체가 아닌 구직 활동을 하는 대학 재학생을 대상으로 했다는 점에서 통계의 착시라는 주장도 있지만, 구인자 수가 구직자보다 많은 '일자리 천국'인 것은 분명하다. 이처럼 높은 취업률의 원인으로는 베이비붐 세대인 '단카이 세대'의 퇴직과 경기 회복, 생산가능 인구의 감소, 비정규직의 증가 등이 꼽힌다.

실제로 일본의 대학생은 한국 취업준비생보다 훨씬 여유롭다. 구직에 대한 불안감은커녕 성적이나 자격증에도 큰 부담을 느끼지 않고, 획일적인 '스펙 쌓기'보다는 취미 생활을 반영한 동아리 활동을 즐기며, 이력서에 한 줄이라도 더 보탤 수 있는 인턴십보다는 여행을 가기 위한 아르바이트를 선택한다. 영어 능력의 공식 지표인 토익(TOEIC) 점수는 600점대면 높은 편이다. 그렇다면 일본 대학생은 어떻게 취업을 하는 걸까.

일본의 신입 공채 '신졸자 채용'

일본 대학생에게 가장 인기 있는 취업 루트는 우리나라와 마찬가지로 신입사원 공채다. 일본 자동차 제조회사인 도요타나 식품회사 가루비처럼 업계를 선도하는 대기업인 '오오테키교大手企業'와 중견기업, 외국계 기업은 주로 '신졸자 채용新卒者採用' 제도로 정직원을 뽑는다. 대학을 갓 졸업한 인재를 회사에 맞게 교육해 정년까지 근무하게 하는 종신 고용 형태다. 한국의 공채와 비슷하지만, 대학교에 다닐 때 시작해 졸업 전에 이미 '내정(內定)'을 받는다는 점이 다르다.

일본 대학에 다니고 있다면 3학년 2학기나 4학년 1학기부터 구직활동을 뜻하는 '슈카츠就活'가 시작된다. '마이나비マイナビ'와 '리쿠나비リクナビ,' 그리고 외국계 기업일 경우 '가이시슈

카츠닷컴外資就活ドットコム'과 같은 구직사이트에 가입하는 것이 그 첫걸음이다. 취업사이트에 등록된 기업 중 관심 있는 곳에는 입사 지원을 하겠다는 의사 표시인 '엔트리ェントリー'를 하고, 기업의 자료나 정보, 설명회 및 채용 일정을 받아볼 수 있다.

취업 시즌이 되면 캠퍼스에는 검은색 정장을 차려입은 학생들이 자주 눈에 띄는데, 대학교 안팎에서 개최되는 회사설명회, 합동 기업 설명회, 공개 세미나 등에 참석하기 위한 복장이다. 이런 자리는 인사 담당자와 직접 만나고 기업 분위기를 파악할 기회이며, 간혹 당일 면접과 필기시험으로 이어지기도 한다.

각종 설명회에서 지원 하고 싶은 곳의 분위기를 파악했다면, 3월 초부터 기업별 홈페이지를 방문해 입사지원서인 '엔트리시트ェントリーシート'를 제출한다. 이력서와 자기소개서를 합쳐 놓은 엔트리 시트는 기업마다 양식과 제출방법이 다르며, 컴퓨터로 작성하는 한국과 달리 자필로 써서 우편으로 부쳐야 하는 곳도 많다.

적성검사의 경우 SPI가 가장 많이 사용되는데, 온라인으로 접수한 뒤 시험장에서 치르는 시험이다. 언어 능력(일본어)과 비언어 능력(수학)을 보는 '능력 적성검사'와 직무 적응성, 조직 적응성을 확인하는 '성격 적성검사'로 구성되어 있다.

4월에서 5월 사이에 마감하는 서류 전형에 합격하면 남은 관문은 면접이다. 일본 기업의 면접관은 지원자의 학점이나 자격증, 직무 관련 지식보다는 잠재력을 중시하기 때문에 평소 가진 생각과 인성을 확인하는 질문이 대다수다. 특히 대학교 때 가장 열심히 한 활동이나 실패를 극복한 경험, 자신의 장단점은 면접에 빠지지 않는 단골 질문이므로, 이에 대비하려면 철저한 자기 분석은 필수다.

면접 형태는 그룹 면접, 토의 면접, 개인 면접, 발표 면접 등 다양한 방식을 채택하며 3차에서 5차까지 진행되기도 한다. 거듭되는 면접에서 후보자를 추려가며 표면적인 스펙이 아닌 내재한 가능성을 끊임없이 분석하고 검증하는 것이다.

이 모든 과정을 무사히 통과하면 7월쯤 회사로부터 내정 통지를 받게 되고, 특별한 상황이 발생하지 않는다면 10월에 열리는 입사식에 참석한다. 내정 받은 대학생은 이듬해 3월에 학교를 졸업하고 4월 초부터 사회생활을 시작하는 것이 전형적인 코스다. 사전 조사에서 입사까지 약 1년이 걸린다.

일본에서 대학을 다니는 한국인 유학생이라면 이 모든 과정을 일본인과 똑같이 거쳐야 한다. 한국 대학에 재학 중이더라도 기업 설명회나 포럼을 활용하면 신졸자 채용에 지원할 수 있다. 일본 기업이 구인난으로 한국인의 채용을 확대하고 있기에 국내에도 정기적으로 취업 설명회가 열린다.

한국 대학을 나와 일본 제조 대기업인 H사에 입사한 J 씨도 서울에서 열린 일본 기업 설명회에 참가하여 합격에 이른 케이스다. 대학교 때 1년간 일본어 어학연수를 다녀왔기에 어학 능력을 발휘할 수 있는 일본 취업에 자연스럽게 흥미를 느꼈다. 마이나비를 통해 엔트리 시트를 제출하고, 서울 코엑스에서 개최된 일본 기업 설명회에 참석하여 당일 1차와 2차 면접에 합격했다. 2차 합격자는 인사 담당자와의 저녁 식사에 초대되었다고 한다. SPI 시험은 한국에서 온라인으로 응시했으며, 최종 면접은 도쿄 본사에서 열렸다. 응시를 위한 숙박비와 항공료는 전액 회사로부터 지원받았다.

일본 대기업 신입사원은 얼마를 벌까?

신졸자 채용으로 입사한 신입사원의 평균월급은 20만 엔에서 22만 엔 사이다. 단순히 월급만 보면 2백만 원 조금 넘지만 일본 대기업의 급여 명세를 잘 살펴보면 결코 한국보다 월급이 적지 않다는 사실을 알 수 있다. 일본 회사는 대체로 연봉 대신 매월 지급되는 기본급을 명시하며, 여기에 야근 수당, 교통비, 상여금, 주택수당 등을 별도로 제공한다. 총수입에서 4대보험 비용과 주민세, 소득세는 다시 차감된다. 대기업 정사원의 경우 기본급 외에 받는 수당이 많으므로 실질적 수입은 30만 엔을 웃돈다.

예를 들어 J 씨가 다니는 H그룹의 경우 기본급은 월 22만 엔이지만, 출퇴근 교통비와 야근 수당, 출장 수당 등이 별도로 지급된다. 여기에 만 30세까지 무료 기숙사 지원 또는 월세의 50%가 지급되며, 기혼자는 만 40세까지 10만 엔 한도 내에서 월세의 70%를 준다. 일본에 연고가 없는 외국인이라면 어차피 집을 구해야 하므로, 기숙사나 주택 수당의 유무가 실제 수입에 큰 영향을 미친다. 상여금은 연 2회, 한 번에 기본급의 3배까지 지급되며, 연차휴가는 1년에 24일까지 쓸 수 있다.

중국에서 대학을 졸업한 한국인 L 씨가 신졸자 채용으로 입사한 S그룹 역시 기본급은 22만 엔에 불과하지만 출퇴근 교통비를 전액 환급해주며, 야근 수당은 30분 단위로 계산한다. 결혼 전에는 회사에서 제공하는 기숙사에 월 1만 엔과 공과금만 내고 살 수 있으며, 결혼 후 퇴직까지 6만 5천엔 한도 내에서 월세 65%를 보조받는다. 상여금은 연 2회로 한 번에 60만 엔 이상 나오며, 연차휴가는 1년에 22일이다. 이외에도 S그룹은 식당이나 편의점에서 쓸 수 있는 '카페테리아 포인트'를 1년에 8만 엔까지 쓸 수 있다고 한다.

예시에 나온 두 회사는 일본에서도 일류기업에 속하며 국내 대기업 못지않은 입사경쟁률을 자랑한다. 일류 기업이 아니 더라도 일본에는 재정이 탄탄하고 복리후생이 좋은 중견기업이 많고, 중소기업이나 스타트업 역시 일부 악덕 기업을 제외하면 신입사원에게 20만 엔 상당의 기본급과 출퇴근 교통비, 야근 수당 등을 지급한다.

일본 취업은 끝이 아닌 시작

원하던 회사에 붙었다는 기쁨과 첫 출근 날의 설렘은 매일 반복되는 일상에 금세 잊히고 만다. 나 역시 대학을 졸업한 후 직장생활만 5년째지만, 아직도 매일 아침 출근하는 일이 힘들 다. 업무란 아무리 익숙해져도 어디서 문제가 생길지 모르는 시 한폭탄 같다. 평일은 너무 길고, 주말은 순식간이다. 돈은 생각 처럼 모이지 않는데, 쓸 곳은 계속 늘어만 간다. 직장을 다니며 삶을 꾸려나가는 일은 평생 살아온 한국에서도 만만치 않다. 그 런데 여기에 '일본에서'라는 조건이 붙으면 당연히 심리적인 부 담이 커지지 않을까?

일본 후생노동성이 조사한 통계에 따르면 신입사원 세 명 중 한 명은 3년 안에 회사를 그만둔다고 한다. 사회생활에 적응 하는 것은 어느 나라 사람에게나 어려운 일이다. 일본에서 일하는 한국 사람에게는 언어와 문화 차이라는 장애물도 있다. 아무리 일본어가 유창하고 문화에 익숙하다 한들 일본인과 좁힐 수 없는 간격이 존재하기 때문이다.

겉으로 드러내지 않아도 외국인에게 배타적인 태도도 일본 사회 전반에 만연해있다고 생각한다. 외국인에게는 아예 집을 빌려주지 않는 집주인은 수없이 많으며, 휴대전화를 개통하거나 통장을 만들 때도 여러 제약이 따른다. 물론 외국인이 계약을 제대로 마무리하지 않고 귀국해버리면 금전적 피해를 본다는 이유도 있지만, 영주권을 가진 재일교포도 한국 국적이나 이름 때문에 일상적인 차별을 겪는 것을 보면 단순한 편견인 것 같기도 하다.

언젠가 니혼바시를 걷다가 '일본은 외국인 투성이(日本は外国人だらけ)'라며 불만을 표시하는 시위대를 마주하고 씁쓸한 기분을 느낀 적이 있다. 외국인 전체나 특정 국가를 무조건 비방하는 사람은 극소수지만 엄연히 존재한다. 또 한국인이라는 이유만으로 한·일간의 정치적인 논쟁이 불거질 때마다 무례한 공격의 타깃이 될 수도 있다.

여기에 잦은 지진과 자연재해, 정확한 정보를 찾기 힘든 방사능 수치에 대한 불안감도 빼놓을 수 없다. 일본 건물은 내진설계가 잘 되어 있어 대처법만 숙지한다면 지진 대부분은 큰 피해 없이 넘어간다. 하지만 동일본대지진과 같은 대규모 지진이 다시 발생하지 않는다는 보장이 없으며, 쓰나미, 화산 폭발 등에 대한 걱정도 있다. 후쿠시마 근방에서 난 농산물은 피하고 있지만, 눈에 보이지 않는 방사성 물질이 내 몸에 어떤 영향을 미칠지는 모를 일이다.

그런데도 일본에서 일하며 사는 이유

이런 고충에도 불구하고 많은 한국인이 일본에서 생업을 갖고 산다. 일본에 적응돼서 한국에서는 사회생활을 못 할 것 같다는 사람도 있다. 그 이유는 무엇일까?

먼저 공사 구분이 확실한 직장 문화를 꼽고 싶다. 개인주의가 강한 일본에는 연애, 결혼, 자녀 계획 등 사생활 간섭하는 직장 상사가 흔치 않다. 휴대전화 번호를 명함에 버젓이 적거나 근무 시간 외에 상사가 메신저나 전화로 업무 연락을 하는 일도 드물다. 비상시를 대비해 직장 동료 한두 명에게만 개인 번호를 공개하며, 사적으로 친한 사람이라도 전화번호 대신 라인(LINE) 아이디로 친구 등록을 하는 것이 일반적이다. 갑작스러운 회식이나 주말 등산에 억지로 참석할 일도 없다.

'남에게 폐를 끼치지 않는다(人に迷惑をかけない)'는 교육을

어릴 때부터 철저히 받는 만큼 일본인은 일반적으로 예의가 바르고 질서를 잘 지킨다. 서로 간의 일정한 선을 지켜 갈등을 방지하려다 보니 자연스레 친절하게 행동하는 것이다. 특히 서비스업에서 이런 성향이 빛을 발하는데 호텔이나 백화점, 음식점에서의 접객 수준이 높아 오랜만에 한국에 가면 평범한 서비스가 불친절하게 느껴질 정도다.

이 외에도 미세먼지의 영향이 적고 어디에나 공원이 있다는 점도 일본의 매력이다. 최근 한국에서 오는 방문객은 모두 도쿄의 파란 하늘과 깨끗한 공기를 부러워했다. 도쿄만 해도 신주쿠 교엔과 요요기 공원, 우에노 공원, 일본 왕실 정원인 히가시 교엔 등 녹지대가 여러 군데 있어 도심에서 자연을 느낄 기회가 많다.

또 일본은 한국과 여러 의미에서 가깝다. 물리적인 거리뿐 아니라 언어적으로도 문법 구조가 비슷하며, 문화적으로도 교류가 많아 비교적 친숙하게 느껴진다. 한국 음식도 접하기 쉽다. 대표적인 예로 도쿄 신오쿠보에 가면 분식부터 치킨, 짜장면, 삼겹살, 순대국밥, 곱창까지 웬만한 한국 음식은 거의 다 맛볼 수 있고 한인 마트에서 국내산 가공식품이나 식재료도 살 수 있다.

끝으로 해외 생활의 공통적인 장점인 새로움을 꼽고 싶다.

외국에서 일하며 산다는 것은 언어 능력이나 문화적인 지식을 길러줄 뿐 아니라 이제껏 당연하게 생각해왔던 가치관과 행동을 돌아보는 계기가 된다. 타인을 통해 나와 내 나라를 반추해봄으로써 한국에서는 당연한 것들에 대한 객관적인 시각을 기를 수 있다. 언어나 습관, 음식, 가치관, 종교, 환경 등 알면 알수록 새로운 발견이 가득하기에 여행 같은 일상을 누릴 수 있다는 것도 외국인의 특권이다.

외국인이기에 차별을 겪을 수는 있지만 그만큼 자유도 따른다. 처음부터 울타리 밖에 있기에 현지 관습에서 벗어나 나만의 삶을 살아도 나무라는 이가 없다. 물론 한국을 떠나 있으므로 취업이나 결혼, 출산에 대한 간섭에서도 한 걸음 멀어진다. 새로움과 익숙함의 경계, 외국인과 내국인의 경계를 넘나들며 지구상의 수많은 나라에 제2, 제3의 집을 만들어 나가는 즐거움이 있음을 해외 생활을 해본 사람이라면 누구나 공감할 것이다.

선택에는 책임이 따른다

단순히 한국 취업이 어려워서, 또는 일본이나 다른 나라에 일자리가 많다고 무작정 해외 취업을 결정한다면 실패할 확률이 높다. 일본에서도 대기업과 같은 좋은 일자리를 얻기 위한 과정은 절대 만만치 않으며, 외국인으로서 성공적인 직장생활을 유지하기는 더더욱 어렵기 때문이다. 하지만 해외라서, 그리고 일본이라서 누릴 수 있는 즐거움도 분명히 존재한다.

양질의 일자리가 필요한 한국과 인재가 부족한 일본의 상호 보완적인 현실은 한국 청년에게 분명 기회다. 취업을 위해 누구보다 노력하지만 좀처럼 합격 통지를 받지 못하는 한국 지인의 이야기를 들으면 안타까운 마음에 일본에 오라고 권하고 싶어진다. 그러나 일본이라는 새로운 가능성을 저울질하는 것도, 결정에 책임을 지는 것도 결국 자신의 몫이다.

일부 '금수저'를 제외한다면 누구나 생존을 위해 일을 해야 한다. 그리고 어디에 가더라도 쉬운 밥벌이는 없다. 자신이 선택한 길이 무엇이든, 그것을 제일 나은 선택으로 만들기 위해 부단히 준비하고 노력한다면 '더 나은 삶'으로 보답받을 수 있다고 나는 믿는다.

도쿄 직장인의 가계부

나무

어느새 일본에 온 지 9년, 이곳에서 직장을 다닌 지 5년이
다 되어간다. 한국에 있는 지인들은 나를 '외국에 사는 친구'라
고 표현한다. 일본에서 나는 '외국인'으로 불린다. 외국에 사는
한국인, 혹은 일본에 사는 외국인인 나. 가끔 어느 쪽에도 온전
히 소속되어 있지 않은 '불완전한 정체성의 나'에 대해 생각하
게 된다.

한편 나에게는 또 하나의 신분이 있다. 바로 '직장인'이다.
한국에 있는 친구들도, 이곳에 사는 일본 친구들도 나와 같은
직장인이다. 사는 곳이 다르고 국적이 달라 거리감을 느끼다
가 직장 이야기만 나오면 "나도 그래" "맞아, 맞아"를 연발하게

되는 우리는, '직장인'이다.

매일 회사에 출근하며 하루하루를 살아가는 평범한 직장인들의 소망은 서로 크게 다르지 않다. '오늘 점심은 무얼 먹을까?' '이번 휴가는 어디로 갈까?' '저 상사는 왜 항상 저런 식으로 일을 시키지?' '월급이 더 오르면 좋을 텐데'. 이런 소소한 불평과 소박한 바람을 갖고 일주일, 한 달을 버틴다.

수입에 대하여. 일본에서는 얼마나 받아?

어느 나라에서든 직장인의 최대 관심사는 월급이다. 상대방에게 사적인 질문을 거의 하지 않는 일본 사람들은 인터넷 구인·구직 사이트의 게시판을 통해 다른 사람들의 연봉을 묻는다. 조금 더 직설적인 한국 사람들은 인터넷뿐만 아니라 직접 "월급이 얼마나 돼?"라는 질문을 하기도 한다. 그럼 한국보다 물가가 비싸다는 일본에서 직장인들은 대체 월급을 얼마나 받을까?

일본 정부 기관인 후생노동성이 발표한 자료를 보면, 2016년의 민간기업 소속 회사원의 평균 연봉은 약 420만 엔(100엔=1,000원으로 환산하면 4,200만 원)이었다. 한국 민간기업의 2016년 평균 연봉이 3,245만 원(국세청 발표 기준)이었던 것과 비교하면 확실히 더 높다.

하지만 일본은 한국보다 각종 사회보험, 세금 등 공제되는 금액이 더 많다. 일본 직장인들이 각종 공제금을 제외하고 실제로 받는 실수령액은 월급의 75~85%라고 알려져 있다. 예를 들어 한 달에 300만 원(연봉 3,600만 원)을 받는 경우 한국에서는 약 11%를 제외한 267만 원을 받는 것에 반해 일본에서는 250만 원(25만 엔) 정도를 받는다. 나 역시 회사에서 받는 월급 명세서를 보면 한 달 월급의 20% 이상이 각종 보험과 세금으로 빠져나간다. 2016년에 일본 대학졸업자가 받은 초임 월급 평균이 20만엔 정도였다고 하는데 입사 첫해에는 주민세가 빠져나가지 않는데도 불구하고 실수령액이 17만 엔도 되지 않는다고 한다.

하지만 이러한 통계 수치가 전부는 아니다. 일본은 교통비가 매우 비싼데 거의 모든 회사가 교통비는 따로 지급하고 일부 악덕 기업, 혹은 아주 영세한 일부 기업을 제외하고는 대부분 잔업수당을 별도로 지급한다. 아르바이트를 해도 보통 10분, 15분 단위로 추가근무 수당을 지급하는 만큼 기업에서도 수당을 지급하지 않는 '서비스 잔업'을 시키는 경우는 비교적 적다.

단, 한국과 같이 회사에서 식사, 회식 등의 비용을 내주는 일은 거의 없다. 지금 내가 다니는 회사는 직원의 95% 이상이 일본인이지만 한국계 기업이다. 사원 대부분이 일본인이라고 해도 본사가 한국 기업이다 보니 운영 방식은 한국식인 부분이 많다. 다른 일본 기업을 다니다가 우리 회사로 온 일본인들이 가장 놀라는 것 중 하나는 부서별 점심, 저녁 회식비가 지원되고 때로는 부서원 생일선물 구입비까지 회사에 청구할 수 있다는 사실이다. 일본 기업 중에도 부서별로 '교제비'를 주는 곳이 있기는 하다. 하지만 회사에서 지급하는 액수가 적어 환영회, 송별회, 연말 송년회까지 1인당 얼마씩 회비를 내서 하는 경우가 많아서 한국 기업의 회식비 지원 문화에 작지 않은 충격을 받고 감동(?)한다.

월세는 부담, 상황에 맞는 지출 조절은 수월

직장인들이 월급 다음으로 가장 많이 고민하게 되는 것은 '지출'이 아닐까? 지출이 얼마인가에 따라 같은 월급이라도 때론 부족하게, 때론 적당하게 느껴지니 말이다.

기본적으로 일본은 한국보다 물가가 비싸다. ECA인터내셔널이라는 글로벌 컨설팅 회사의 조사 결과를 보면 2017년 아시아 도시 생활물가 순위는 도쿄가 1위, 서울이 3위이다. 거주비는 도쿄가 2위, 서울이 4위였다. 거의 모든 기관의 조사 결과에서 도쿄는 서울보다 물가가 비싸다.

일본 생활에서 가장 부담이 되는 지출은 역시 '월세'다. 일본에는 한국과 같은 전세 제도가 없다. 집을 사지 않는 한 매달 월세를 내야 한다. 그리고 전기, 가스, 수도 등의 공과금도 한국보다 비싸다. 전기 누진세가 적어서 한국처럼 여름 에어컨 사용으로 전기요금 폭탄을 맞는 일은 없지만, 요금 자체가 비싸다. 참고삼아 현재 나의 주거 비용을 적어본다.

* 월세 : 8만 엔 (건축한 지 30년 된 빌라. 방 1, 작은 부엌 1, 욕실)

* 전기요금 : 3,000~10,000엔
  (여름에 거의 24시간 에어컨, 겨울에는 에어컨 난방기능 사용)

* 수도요금 : 1,500~2,500엔

* 가스요금 : 2,000~3,000엔
  (가스레인지, 온수를 위한 보일러 사용 시에만 가스 사용)

대략 한 달에 10만 엔은 주거비용으로 나간다. 이 중에서 월세는 아무리 내가 돈을 모았다고 해도 집을 사지 않는 한 쓸 수밖에 없는 비용이다. 약간의 돈을 모으면 보증금을 올려 월세를 줄이고, 더 모이면 전세로 옮겨가는 한국과는 달리 선택의 여지가 없다.

반면, 생활비에 대한 부담은 오히려 일본이 더 적다. 수치상의 물가는 일본이 더 높지만 실제 생활하며 느끼는 체감 물가는 오히려 일본이 더 낮게 느껴지기도 한다.

사실 평소의 지출, 소비는 본인의 성향뿐만 아니라 사람 관계, 사회적 관습, 쇼핑 문화 등 환경의 영향이 크다. 한국에서는 식사도 대부분 누군가와 함께하고 무언가가 유행하면 많은 사람이 따라 하는 경향이 있다. 한국에 있을 때는 '100% 내 선택에 따른 지출'이 아닌 것이 꽤 많았다는 생각이 든다.

"너는 같이 안 가?" "아직도 핸드폰 안 바꿨어?" "○○이 유행인데 안 샀어?"라는 말들이 서로에 관한 관심이자 평범한 대화일 수도 있지만 그러한 분위기에 맞춰 쓰게 되는 돈이 적지 않은 것도 사실이다.

하지만 일본에서는 회사 점심시간에도 기본적으로는 혼자 밥을 먹는다. 식당에서뿐만 아니라 편의점에서 산, 혹은 집에서 싸 온 도시락을 들고 밖에서 혼자 앉아 식사하는 모습은 매우 자연스럽다. 누군가와 함께 가더라도 한국처럼 메뉴를 통일하는 일이 없고 각자 자신이 먹은 것만 내니 전체 분위기에 따라 함께 지출하는 상황은 거의 없다. 용돈이 부족할 때는 도시락을 싸서 다니거나 편의점에서 가격 부담 없는 메뉴를 골라 먹으며 생활비를 조절하기 편하다. 이런 식의 개인주의 문화가 좋은가에 대한 이야기와는 별개로, 소비에 대한 부담을 줄이는 효과가 있는 것만은 분명하다.

일본에서 체감 물가가 그리 높게 느껴지지 않는 또 하나

의 이유는 '선택의 폭'이 넓기 때문이다. 한국에서는 점심시간
에 먹는 메뉴의 가격에 큰 차이가 없다. 간혹 엄청나게 싸고 맛
있는 밥집이 있다고 인터넷 뉴스에 나오지만, 주변을 보면 가게
대부분이 비슷한 가격대의 음식을 판다. 한국에서 3,000원짜리
점심 메뉴는 찾아보기 어렵다. 작년부터 늘어나기 시작한 한국
편의점 도시락도 가격이 만만치 않다. 커피전문점의 커피 가격
도 일부 체인점을 제외하면 대부분 비슷하다.

하지만 일본에는 편의점에서 파는 100엔 커피(의외로 맛있
다)도 있고 200~300엔의 일반 커피전문점도 있으며 1,000엔
이상 하는 고급 커피점도 많이 있다. 식사도 250~350엔 정도
의 규동牛丼 소고기덮밥, 500~1,500엔 정도의 저렴한 패밀리 레스
토랑, 2,000~3,000엔 정도의 전문 레스토랑 등 다양하게 있다.
1인당 몇만 엔씩 하는 고급 일식집도 있다. 이곳에서 생활하다
보면 상황에 따라 선택할 수 있는 폭이 좀 더 넓게 느껴진다. 나
역시 유학생 시절에 그랬지만 돈이 부족한 유학생들에게 단 몇
백 엔으로 나름 괜찮은 맛의 음식을 제공해주는 규동 체인점과
편의점은 더없이 고마운 존재다.

도쿄에는 대형 마트가 없고 중소형 동네 슈퍼만 있다는 점
도 생활비 조절에 도움이 된다. 슈퍼가 가깝다 보니 나는 매일
퇴근길에 장을 봐서 들어온다. 채소의 경우, 그램당 가격은 일

본이 더 비싸지만 대부분 소량 포장이라 필요한 만큼만 살 수 있다. 대형 마트에서와 같이 대량으로 구매했다가 다 먹지 못하고 버리는 일이 없어 오히려 한국에서 혼자 살 때보다 식비가 적게 든다. 게다가 동네 슈퍼는 저녁 9~10시에 문을 닫는 곳이 많아서 5시 이후부터 채소, 도시락 등을 많게는 50%까지 할인해 판매한다.

저축과 투자에 대하여. 일본 은행의 적금이자는 0%대

직장인이라면 누구나 저축, 투자에 관심을 갖게 된다. 한국에서는 직장을 다니면서 돈을 모으는 가장 기본적인 재테크 방법이 '적금'이다. 하지만 일본에서 적금은 큰 의미가 없다.

'마이너스 금리' 정책을 펴고 있는 일본에서 현재 은행 정기 적금들은 대부분 연이율이 0.2% 이하이다. 맡기는 금액에 따라 조금씩 차이는 있지만 0.02%, 0.05%인 곳들도 있다. 결국 돈을 쓰지 않기 위해서 적금을 들 수는 있지만 이자를 기대하기는 어렵다. 이율이 낮다는 것은 돈을 빌릴 때는 유리해서, 개인이 주택을 살 때의 주택담보대출 금리는 보통 1~2%에 불과하다.

한국에서는 '적금 등을 통해 돈을 모아서 집을 사는 것'이 일반적이지만 금리가 낮은 일본에서는 조건이 맞으면 주택 구

258

입 비용의 거의 전액을 대출받을 수도 있기에 '돈을 빌려 집을 산 이후 30~40년간 갚으면서 사는 것'이 일반적이다.

일본에 사는 직장인이 돈을 모으고 싶다면 이자에 대해 기대를 하지 않고 적금을 넣거나, 개인의 선택에 따라 약간의 투자를 하는 방법 정도가 전부인 것 같다. 연간 100만 엔까지의 주식 거래에 대해 비과세 혜택을 주는 NISA소액투자 비과세 제도 등을 이용한 주식 투자도 있다. 결국 일본은, 한국보다 연봉이 높지만 실수령액은 적고 수치상 물가는 비싸도 실제 체감 물가는 낮으며 은행 이자와 같은 부수적인 이익을 얻을 기회는 적지만 돈을 빌릴 때는 부담이 적다.

그렇다면 한국과 일본 중 어느 나라의 직장인이 더 행복할까? 아마 이것은 위에 열거한 수치들만으로는 설명할 수 없을 것 같다. 직장에 대한 만족도나 행복의 조건은 단순 비교가 불가능에 가깝다. 직장인에게 더 좋은 '나라'가 있는 것이 아니라 사내 문화, 일하는 방식, 사람들과의 관계 등을 모두 포함하여 자신에게 더 잘 맞는 '직장'이 있을 뿐 아닐까? 내가 태어난 나라이니까 무조건 더 잘 맞고, 외국이니까 더 안 맞는 것도 아니다. 한국에서 10년, 일본에서 5년째 사회생활을 하는 나는 일본에서의 생활이 더 잘 맞는다고 느끼며 지낸다. 하지만 여기에서의 '직장인' 생활이 10년쯤 되었을 때 내가 어떤 생각을 할지는

아직 모르겠다. 사람은 시간의 흐름과 함께 바뀌어 가는 존재니
말이다.

Copyright © 모모

자유로운 직장인을 꿈꾸며

모모

"일본 화학 회사에서 국내외 영업을 맡고 있어요. 지난해까지는 재무부에 있었고요."

"아, 종합직이세요?"

자기소개를 할 때, 내가 하는 일을 어떻게 설명할지 고민한다. 바로 1년 전에도, 3년 전에도 한 회사 내에서 다른 일을 했기 때문이다. "현재는 ○○부 소속", 혹은 "채용 리크루터를 겸한 사무직"이라는 부연설명을 덧붙이곤 하지만, 많은 일본인은 내 직업을 '종합직' 세 글자로 정리한다.

일본 기업의 정기 채용 모집 요강에서 쉽게 볼 수 있는 단어가 바로 '종합직(総合職)'이다. 일본에서 말하는 종합직이란, 다양한 직무를 거쳐서 한 기업의 중역으로 성장하는 포지션이다. 일반적으로 승진에 제한이 없고, 전근과 부서이동을 조건으로 하는 경우가 많다. 이와 대치되는 개념으로는, 원칙적으로 전근이 없고 정형적이거나 보조적인 업무를 담당하는 '일반직(一般職)'이 있다. 일본 사람들은 이러한 종합직을 고연봉의 출세 코스라 말하기도 하고, 부서이동과 야근이 많은 제너럴리스트 광범위하게 지식을 갖춘 사람라고 평가하기도 한다.

나는 몇 년 전만 해도 자유로운 프리랜서이자 스페셜리스트 한 분야에서 전문성을 가지는 사람를 꿈꾸는 사람이었다. 그랬던 내가 일본에서 정반대 개념이라고도 할 수 있는 그룹 회사의 종합직을 선택했다. 일본에서 완전히 바뀐 나의 목표와 직장 생활에 관해서 이야기해 볼까 한다.

일본에서 새로운 목표를 찾다

한국에서 한 번의 실패를 겪었다. 어릴 적부터 노래, 그림, 사진 등 좋아하는 것이 참 많았지만, 정작 직업에 대해서는 명확한 목표가 없었다. 대학교 4학년 여름, 좋아하는 것들을 모두 접어두고 취업 활동을 시작했고, 한 회사에 입사했다. 그렇게 시작된 직장 생활은 대실패. 입사 첫날부터 상사가 시킨 신문

스크랩을 반복하다가, 달력 한 장을 채 넘기기도 전에 사직서를 제출했다. 이제 와 생각하면 신문을 읽고 업계를 이해하라는 의미가 있었을 테지만, 목표가 없던 나에게 신문 스크랩이란 종이에 풀칠하는 작업에 지나지 않았다. 내가 어떤 생각으로 이 회사를 지원했는지, 회사가 왜 나를 뽑았는지도 모른 채 퇴근 시간이 다가오기만을 기다리는 자신이 한심했다. 사직서를 내고 나온 그 날, 두 번 다시 회사원이 될 일은 없을 거라 확신했다.

새로운 환경에서 다시 시작한다는 마음으로 일본 유학을 떠났다. 일본어 학교와 경영대학원을 거치면서 한국어 강사, 기업 통·번역, 지역 방송국 라디오 게스트, NPO 서포터 등 닥치는 대로 아르바이트와 자원봉사를 강행했다. 그중에 잘 맞는 일을 찾아 프리랜서로 활동할 심산이었다.

프리랜서라는 모호한 목적지 하나만 보고 달리던 나를 잠시 멈추고 생각하게 만드는 일이 있었다. 대학원 석사생들과 졸업 후 할 일에 관해 이야기하는 시간. 자연스레 직장인 출신과 직장 경험이 전혀 없는 학생들로 나뉘어 졸업 후 계획을 화제로 이야기를 나눴다. 물론 나는 후자나 다름없었다. 직장인 출신들이 말하는 직장 경험에서 오는 교훈과 회사에 대한 이해, 그리고 그것을 반영한 현실적이고 구체적인 꿈을 듣고 있자니, 제대로 된 경험도 없이 맞다, 안 맞다를 논하는 나 자신이 모순됐다는 생각이 들었다.

'직장 생활을 제대로 해 보고 생각하자'

급작스럽게 회사원이 되어 보기로 하고, 당장 일본에서 할 수 있는 취업 활동에 대해 알아보기 시작했다. 일본에는 신졸(新卒) 채용이라는 개념이 있어서, 이듬해 졸업 예정자를 대상으로 신입 채용 활동을 하고, 입사 6개월~1년 전에 합격을 확정 짓는 기업이 많다는 사실을 알게 되었다. 마침 석사과정 2년 중 1년을 마친 나는, 일본인들과 똑같이 신졸 채용에 지원할 수 있는 자격을 가지고 있었다.

'이건 기회야!'

이때까지만 해도 직장 생활은 프리랜서가 되기 위한 발판이라고 생각했다. 또한 외국인이 할 수 있는 일은 한정적이라고 생각했기에, 직무 이동이 많다는 종합직은 고려의 대상이 아니었다. 먼저 어떤 회사들이 있는지 알아보기 위해 기업 채용 설명회에 참가했고, 그곳에서 내 생각은 180도 달라졌다.

나의 마음을 뒤흔든 것은 일본 취업 프로그램의 꽃이라고 할 수 있는 'OB(Old Boy : 졸업생)·선배 사원 좌담회'였다. 일본에는 채용 설명회 중에 취업준비생들이 미래의 모습을 상상해 볼 수 있도록 학교 선배나 현직 사원의 직장 생활을 소개하고 자유롭게 질문할 수 있는 시간을 두는 기업이 많았다. 그 프로그램을 통해서 세 사람을 만났다.

최초의 외국인 인사부 사원이 되어 그룹 회사 전체에 탄력 근무제와 재택근무를 정착시킨 미국인, 다양한 직무와 연수를 경험, 한 업계의 멀티 스페셜리스트 복수의 분야에서 전문성을 지니는 사람로 불리게 된 한국인, 회사의 지원을 받으며 자신에게 맞는 포지션과 새로운 사업부서, 이어서 사내 벤처 사업체까지 만들어 낸 중국인이다. 이들은 일본에서 점점 일반화되고 있는 다이버시티 경영 인종, 성별 등의 다양성과 개성을 경쟁력으로 활용하는 경영 전략. 일본에서는 본래 남녀평등에 대한 인식과 함께 퍼졌으나, 근래 외국인 채용, 해외 사업이 당연시되면서 글로벌 경영의 하나로 더욱 강조되고 있다과 다양한 직무와 교육을 경험할 수 있는 종합직의 특징을 잘 활용한 외국인 사원들이었다.

그들은 해외 업무뿐 아니라 자신이 잘할 수 있는 일을 자유롭게 찾아서 수행하고 있었다. 그동안 막연히 스페셜리스트를 꿈꿔 왔지만, 취미가 많고 다양한 분야에 관심이 있는 나의 적성을 고려하면 일본의 종합직이라는 포지션이 적합할 수도 있겠다는 생각이 들었다.

그때부터 나의 단기적인 목표는 '프리랜서같이 일하는 종합직'이 되었다. 이른바, 주어진 업무에 얽매이지 않고 자유롭게 자신의 위치를 찾아가는 직장인이다. 다소 비현실적으로 들릴 수도 있는 이 목표 달성을 위해 나와 같은 생각을 하는 회사,

외국인 사원의 작은 의견에도 귀 기울여 주는 회사를 찾는 것이 급선무였다.

그들이 원하는 외국인 인재상

일본 채용 시장에는 장시간의 양방향 면접, 토론형 면접을 실행하는 회사가 많아서, 짧게는 30분부터 길게는 2시간에 걸쳐서 나와 회사를 매칭해 볼 수 있었다. 길고 심도 있는 면접 덕분에 자신도 몰랐던 나를 더 잘 알게 되고, 사풍이 안 맞는 회사를 제외할 수 있다. 기업과 갑을관계가 아닌 평행 선상에서 대화한다는 점이 인상적이었다.

외국어로 한 시간 넘는 면접을 치르고 나면 온몸이 지쳐서 쓰러질 것 같았다. 하루는 한국과 일본의 문화 차이에 관해 이야기하다가 면접관과 약간의 언쟁이 오가는 일이 있었다. 오기가 생겨서 조목조목 반론하면서도 '내가 미쳤지!'라는 생각에 머릿속이 복잡했다. 놀라운 것은 그 면접의 결과가 '합격'이었다는 것이다.

일본에서 3년 동안 생활하면서도 일본 사람들은 순종적인 사람, 조건 없이 충성하는 사람을 원한다고 생각했는데, 내가 가지고 있던 편견에 깨지는 순간이었다. 그때부터 일본에서 불편했던 점, 일본 기업에 원하는 것들을 면접을 보며 멋대로 이야기하고 다녔다. 아이러니하게도 그 이후로 치른 면접은 모두 합격이었다. 재미있는 토론이었다면서 다음 면접을 패스하고 최종 면접에서 보자는 곳마저 있었다. 그제야 깨달았다. 많은 일본 기업들이 일본인과는 조금 '다른' 생각을 하는 외국인을 찾고 있다는 사실을.

취업 활동 3개월 만에 1지망 회사에서 합격통지를 받았다. 두 시간이 넘는 일대일 면접을 네 번이나 진행하고, 온전히 나의 꿈과 목표, 인생관에 관해 물어봐 준 회사였다. 다만, 외국인 채용을 시작한 지 얼마 되지 않아서 2천여 명의 직원 중 외국인 사원은 두 명뿐이고, 한국인은 내가 처음이라고 했다.

최초의 한국인이라는 점이 망설여지기는 했지만, 회사가 말하는 인재상 제1의 조건이 '자기 일을 찾아서 하는 사람'인 점, 면접마다 나에게 "일본인이 되길 원하지 않는다. 회사의 자극제가 되어 달라"고 말해 준 점으로 보아, 나의 목표에 잘 맞는 회사라고 생각했다. 합격 내정을 받은 날, 주저 없이 면접이 진행 중이던 11개의 회사에 면접 사퇴 연락을 했다.

외국인 사원의 나만의 역할 찾기

입사 첫해에는 '모노즈쿠리 일본 사회의 장인정신 연수'라는 명칭의 장기 연수를 받게 되었다. 무려 1년 동안 제조 사업장에 있는 세 부서에서 연수를 받았다. 일본 제조 업계에서는 사무직을 포함한 종합직 신입 사원에게 장기간의 연수와 교육을 해주는 회사가 많이 있다. 그 목적은 제조 현장에 대한 이해와 인맥 형성, 업계 지식과 직장인의 기본 소양 습득을 위함이다. 일본인 동기 중에는 빨리 실무에 뛰어들고 싶다는 사람도 있었지만, 모든 것이 생소한 외국인에게는 매우 고마운 시간이었다. 연수 후에는 본사 재무부에 배속되었다. 그리고 2년 뒤에는 화학제품 사업부로 이동했다. 연수 기간을 포함하면 4년 동안 무려 다섯 번이나 부서와 직무 이동을 한 셈이다.

기본 업무는 일본인 사원들과 같았다. 연수 기간에는 생산데이터 관리와 인사 업무를 배웠고, 재무부에서는 회계 결산작업을, 사업부에서는 영업을 담당했다. 이동할 때마다 일본어로 된 전문용어와 업무 스타일을 파악하는 데에 일본인 사원들보다 몇 배는 많은 시간이 필요했다. 선배들도 첫 한국인 나를 어디서부터 어떻게 가르쳐야 할지 몰라서 난감해하는 것 같았다.

어떤 날은 아침 회의에서 중요한 단어 하나라도 놓칠까 봐 무리하게 집중한 탓인지, 종일 히라가나가 그림처럼 보이고, 간단한 일본말도 떠오르지 않았다. 퀭한 눈으로 퇴근하면서 "오하요고자이마스 일본의 아침 인사"를 내뱉는 나에게 보내는 선배들의 시선은 '안쓰럽지만 네가 이겨내야 해'라고 말하는 것 같았다.

사람은 적응하는 동물이기에 진화할 수 있다고 했던가. 다행히도, 부서 이동이 동반하는 시련의 기간은 횟수를 더할수록 짧아졌다. 업무 용어를 정리하는 데에만 삼 개월 이상 걸리던 것이, 점차 자습용 업무 메뉴얼을 만드는 요령이 생겨서 한 달 정도면 얼추 일본인 동료들과 비슷한 완성도의 자료를 만들고 보고할 수 있었다. 하지만 나의 목표는 '일본인 회사원'이 아니기에, 기본 업무를 익히고 나면 내가 잘할 수 있는 '무언가'를 찾아야 했다.

입사 초창기부터 반드시 실천하는 것이 하나 있다. 근무시간 중 티타임 즐기기. 회사 여기저기에 자유롭게 회의나 작업을 할 수 있는 공용 테이블이 배치되어 있는데, 만약 '공용 테이블을 많이 이용한 사원 랭킹'이 있다면 나는 TOP 3에 들지 않을까 싶다. 테이블 하나를 차지하고는 오가는 사원들에게 말을 걸고, 사소한 일본어 질문부터 업무에 대한 불만 토로나 아이디어 제안까지 다양한 이야기를 나눈다. 외국인이라는 이름이 때로는 황당한 행동을 합리화시켜 준다고나 할까. 티타임을 즐기고 있으면 "일 안 하고 뭐 해?"라는 사람보다는 "새로운 공부 방법이네", "한국인은 적극적이야"라고 받아들여 주는 사람이 많았다. 이 일과는 내가 프리랜서 같은 종합직이 되기 위한 구름판과도 같은 것이다. 이야기를 나누다 보면, 소박한 질문이 새로운 업무로 연결되기도 하고, 무심코 던진 의견이 타부서와의 프로젝트로 이어지는 일도 있다.

입사하고 3개월이 지났을 즈음, 어려운 현장 용어 때문에 입사할 때의 자신감과 전의가 많이 없어진 상태였다. 아침에 일어나서 몇 번이고 '인플루엔자에 걸렸다고 거짓말하고 일주일 정도 쉬고 싶다'라는 생각을 하다가, 겨우겨우 정신을 차리고 출근했다. 여느 날과 같이 공용 테이블에 앉아 선배에게 업계용어에 대해 질문했다. 선배는 내가 자습용으로 만든 일한(日韓) 단어집을 보고, 한국 거래처에 설명할 때 활용하고 싶으니 파일을 보내 달라고 했다. 혼자 보려고 대충 만든 메모인데 파일을 공유하라니. 부랴부랴 표를 그려 넣고 단어에 대한 설명을 추가해서 파일을 보냈다. 며칠 뒤, 선배의 동기와 상사도 한국에 출장 갈 때 참고하고 싶다며, 공유해 달라는 연락을 해 왔다.

'나의 사소한 메모를 필요로 하는 사람이 많구나!'

제조 현장 용어는 사전에 없거나 회사마다 뉘앙스가 다른 경우가 많다. 제조 사업장을 경험한 외국어 능통자나 교육 경험자가 아니면 해외 업무에 참고할 용어집이나 교육자료를 만들기 어렵다. 문득 이 기회에 많은 사람이 활용할 수 있는 용어집을 만들어야겠다는 생각이 들었다.

직속 사수에게 업계 용어집 작성을 새로운 미션으로 보고하고, 정기적으로 첨삭해 달라고 요청했다. 본래 일본어 용어와 한국어 정의만 적혀 있던 메모에, 일본인 사원들이 한국인과 이야기할 때 활용할 수 있도록 같은 의미의 한국어 단어와 가타카나로 된 발음을 추가하고, 여러 국적의 연수생과 사원이 단어집으로 사용할 수 있게 일본어와 영어로 된 정의를 덧붙였다. 사내 클라우드에 업로드해서 수정 요구나 단어 추가 요청이 들어오면 내용을 수정·보완했다. 입사 전에 한국어 강사를 하면서 학생을 위한 단어집을 만들고 설명하는 것에 익숙했기에, 이러한 과정이 그렇게 어렵지는 않았다.

이 작업은 연수 기간 내내 이어졌고, 제조 사업장을 떠날 즈음에는 나름 만족스러운 업계 용어집이 완성되었다. 자습용으로 시작된 업계 용어집은 연수 최종 보고 발표의 주요 부분을 차지했고, 다음 해 승진 면접을 볼 때도 주요 업적으로 인정되었다.

1년간의 장기 연수가 끝나고 정식 부서 배치와 함께 도쿄에서의 직장 생활이 시작되었다. 도쿄 본사 근무는 연수 때와는 분위기가 매우 달랐다. 제조 사업장이 외국인 연수생을 챙겨주고 격려해 주는 학교 같은 느낌이었다면, 도쿄 본사는 귀를 찌르는 전화 소리와 산더미 같은 서류 안에서 알아서 배우고 움직여야 하는, 그야말로 현실이었다.

재무부 결산팀에서 스스로 회계 용어와 결산서를 이해하는데만 1년이 넘게 걸렸다. 직속 선배가 이 책만 참고하면 된다면서, 쌀알보다 작은 글씨로 가득 찬 3,000페이지 분량의 회계감사육법 일본의 기업회계 및 감사에 관한 법령과 기준을 정리한 책을 건넸을 때는 당장 한국행 비행기를 끊어서 귀국하고 싶은 심정이었다. 하루에도 몇 번씩 일본인과 똑같은 조건으로 입사한 것이 잘한 일인지 나 자신에게 물었다. 그럴수록 연수 때의 용어집보다도 성과가 남는 나만의 역할을 찾으려 노력했고, 그것은 언제나 의외의 곳에서 발견되었다.

"이(李)상, 이번 메뉴얼 갱신도 부탁할게요."

도쿄 본사로 오고 벌써 다섯 번째 메뉴얼 작성이다. 언젠가부터 사내 메뉴얼 제작이 내 주요 업무의 일부가 되었다. 일본어도 완벽하지 못한 내가, 회사 전체가 사용하는 메뉴얼 작성을 담당하게 될 줄이야.

나는 입사 초창기부터 회사의 각종 메뉴얼에 불만이 있었다. 글자는 왜 그리 많고 모든 설명은 왜 장문의 서술형인지. 읽을 때마다 머리 위로 쇳덩이 같은 일본 글자들이 마구 쏟아져 내리는 기분이었다. 일본인 사원들조차 읽기 버거워 하고, 메뉴얼을 읽고 공부하는 스터디 모임이 있을 정도면 말 다 한 거 아닌가. 한국에서 회사에 다니고 아르바이트를 하면서 '간단한', '알기 쉬운' 메뉴얼만 봐 온 내가 쉽게 적응할 수 있을 리가 없었다.

하루는 시스템 부서 선배와의 티타임에서 이러한 생각을 이야기했다. 선배도 같은 고민을 해 왔지만 기존 자료에 익숙한 사람들이 있어서 쉽사리 바꿀 엄두를 내지 못했다고 했다.

"이번 사내 시스템 메뉴얼을 같이 만들어 보지 않을래?"

그렇게 우연히 시스템 부서와 협업으로 메뉴얼을 제작하게 되었다. 시스템 메뉴얼은 수백 수천 명이 보는 자료이기 때문에 알기 쉬울 뿐 아니라, 다양한 부서의 업무과정이 반영된 내용이어야 했다. 여러 부서를 경험하면서 익힌 업무와 티타임으로 쌓은 인맥이 빛을 발하는 순간이었다. 여러 부서와 지점의 선배들에게 몇 번이나 히어링 특정 사안에 대해서 의견을 청취하는 것을 하고, 그 내용을 간결한 문장과 도식으로 표현하는 데에 몰두했다. 학생 때부터 그림이나 사진을 편집하는 취미가 있어서, 여러 가지 편집 소프트웨어를 다룰 줄 아는 점도 업무를 해내는데 한몫했다.

처음 만든 메뉴얼에 대한 반응은 나쁘지 않았다. 몇몇 사원들에게서 알기 쉬워서 도움이 됐다거나, 다른 메뉴얼을 만들 때 참고하겠다는 연락을 받았다. 일본인들은 기존 자료를 변경할 때 많이 망설이는데, 외국인의 기지를 발휘해서 주저하지 않고 변화를 시도한 점이 인상적이었다는 의견도 있었다. 실은, 내가 기존 형식을 변경할 때 여러 번 결재를 받아야 한다는 룰을 모르고 막무가내로 바꿔서 시스템 부서 사원들이 애를 먹었다. 결과적으로는 용기 있게 새로운 일에 도전한 것처럼 보여서 다행이었지만 말이다.

가장 인정받은 부분은 뜻밖에 일본어였다. 일본인 동료들보다 내가 쓴 문장이 알기 쉬워서 다수를 대상으로 하는 공개자료에 적합하다는 것이었다. 제한된 어휘로 문장을 쓰다 보니 표현이 단순해지고 가능한 교과서적인 문장을 선택했던 것뿐이지만, 그것이 긍정적인 평가를 받았다. 나의 일본어를 자주 체크해 주는 근속 40년 베테랑 사원의 이야기에 의하면, 일본인은 형식을 중시하고 간접적인 표현을 좋아해서 문장이 길고 복잡해지는 경향이 있고, 일본에서 흔히 말하는 '小学生でもわかる 초등학생도 알 수 있는, 누구나 이해하기 쉬운' 문장 쓰기는 매우 어려워한다.

시스템 메뉴얼을 계기로 '사내 업무 메뉴얼', '회사 규정' 등의 공개 자료 작성을 담당하는 일이 늘어났고, 믿기 어려운 이야기지만 공개 자료의 일본어 검수 요청을 받기도 했다. '일본어 레벨을 조정하는 역할'이 내가 했던 일을 더 정확하게 표현한 말이겠지만 말이다.

나의 또 다른 일, '채용 리크루터'

나는 직장에서 또 하나의 직책을 가지고 있다. 바로 '외국인 채용 리크루터'이다. 일본 취업 시장에서 말하는 채용 리크루터란, 취업준비생에게 직장인 선배로서 취업에 대해 조언하고 회사 PR을 통하여 취업준비생이 우리 회사를 1지망으로 지원하도록 지망도志望度 지망하는 순위와 정도. 일본 취업 시 지망 동기만큼 자주 언급되는 단어를 높이는 역할이다. 현재 회사의 채용 리크루터가 되고부터, 본래 담당 업무와는 별개로 외국인 채용 세미나를 기획하고, 외국인 취업준비생과 리크루터 면담을 진행하고 있다. 1년에 서너 번은 공식 면접의 면접관으로 들어가기도 하고, 한국 블로그를 통해서 일본 취업과 일본어 공부에 대한 정보를 공유하며 취업 상담도 받고 있다. 이 새로운 직책은 3년 전, 나의 불평불만으로 인해 우연히 만들어졌다.

입사하고 1년이 채 안 되었을 때, 인사부의 요청을 받아 유학생 상담역으로 채용 설명회에 참가했다. 외국인 지원자가 예상보다 적은 바람에, 나중에는 일본인 동기와 함께 일본인들의 취업 상담을 받았다. 많은 일본 기업이 외국인 인재를 원하고 있고, 뉴스에서는 외국인들의 일본 원정 취업이 나날이 늘고 있다고 보도하는데, 이들이 각자 다른 곳에서 맴돌고 있다는 것이 아이러니하게 느껴졌다.

이듬해 다시 한 번 유학생 상담역 요청이 들어왔고, 채용팀 선배들에게 그동안 쌓아 둔 불만을 이야기했다. 일본인들에게는 알려진 회사일지라도 외국인들에게 원자재를 제조하는 화학 메이커는 생소할 수 있다는 것, 일본의 리크루팅 사이트와 기업 홈페이지만으로는 회사 홍보가 부족하다는 것, 자사의 소개문에 외국인이 주로 사용하는 검색어(외국인 채용, 해외 사업, 해외지사 등)가 많지 않아서 노출되기가 어렵다는 것 등등. 나의 끝없는 불평불만에 채용팀은 적잖이 당황스러워했다.

"직접 외국인 채용 리크루터로 활동해 보지 않을래?"

그렇게, 계획에 없던 일본 회사의 채용 리크루터가 되었다. 2015년부터 경단련 일본의 경제단체연합회에서 정하는 일본 기업의 정기 신졸 채용 개시가 12월에서 다음 해 4월로 늦춰지면서 (2016년부터는 3월로 조정되었다), 짧아진 채용 기간 때문에 리크루터 제도를 활용하여 일찍 취업준비생과 접촉하는 기업이 늘어나고 있다고는 하지만, 고작 입사 2년 차 사원이, 그것도 외국인이 일본 기업의 채용에 관여하는 것은 흔한 일이 아니었다.

일단 외국인 인재와 만나는 기회를 늘려야겠다는 생각에, 기존에 우리 회사에는 없던 외국인 대상의 채용 설명회를 기획했다. 장소와 장비, 광고 활동은 회사의 힘을 빌리고, 설명회의 내용은 권한을 위임받아서 자유롭게 결정했다. 취업 당시, 내용이 어렵고 지루해서 전철비가 다 아깝다고 생각했던 일부 설명회들을 떠올리며, 딱딱한 설명은 최대한 줄이고 외국인들이 궁금해하는 점에 초점을 맞춰서 내용을 구성했다.

그리고 취미로 하던 한국 블로그를 리크루터 활동에 사용할 수 있도록 허가해 달라고 요청했다. 불현듯, 내가 취업을 시작했을 때 한국의 블로그나 인터넷 카페를 참고한 것이 떠올랐기 때문이었다. 나라마다 다른 인터넷 커뮤니티를 활용하면 더 많은 외국인 취업준비생을 만날 수 있을 테니, 먼저 한국부터 시도해 보자고 설명했다. 국적을 불문하고 취업준비생들이 일본 취업에서 일본의 공식 사이트로만 정보를 얻으리라 생각한 채용팀 멤버들은 조금 놀라는 눈치였다. 전례가 없는 채용 방식이라 망설이는 듯했으나, 두 시간 뒤 '우리 한 번 해보자!'라는 답변을 보내왔다.

사람은 무식할수록 용감한 법인가 보다. 이렇다 할 지식도,

만약에 대한 두려움도 없이 시작된 첫 리크루터 활동은 거침이 없었다. 업계 및 기업 설명에 무게를 두는 일반적인 채용 설명회와 달리, 유학생의 자유 상담과 질문 시간을 길게 한, 조금은 독특한 채용 설명회를 두 차례 열었다. 다행히도 설명회에 참가한 취업준비생 중 90% 이상이 채용 공고에 엔트리 기업에 개인 정보를 등록하고 지원 의사를 표시하는 것해 주었다.

한국 블로그를 통해서는, 일본 취업과 직장 생활에 대한 정보를 공유하면서 취업 상담을 받았다. 3주 만에 50명 이상의 한국인 취업준비생이 취업 상담을 신청했고, 그중 제조업계에 지원할 의사가 있는 30여 명에게는 기업 정보를 밝히고 회사로 초청하여 일대일로 면담을 진행했다. 한 사람당 두 시간이나 걸리는 면담이다 보니, 어떤 날은 근무 8시간 내내 리크루터 면담을 하고, 야근으로 재무부 업무를 해결해야 했다.

첫 리크루터 활동의 업무 배분과 면담의 인원 조정은 서툴기 그지없었지만, 그해에 회사와 아주 잘 맞는 한국인 후배 S 군을 채용할 수 있었다.

S 군은 외국인 채용 설명회를 통해서 엔트리한 학생이었다. 합격 확정 후 이야기를 나누었는데 미국에서 어학연수 중 한국 블로그에 있는 직장 생활에 관한 글을 보고 일본 취업을 결심했다는 것을 알게 되었다. 합격 전까지는 그것이 내 블로그인 줄

도 몰랐다고 하니, 세상에 이런 인연이 또 있을까.

　이듬해부터 리크루터 활동은 공식 업무가 되었다. 채용 시즌에는 상사에게 허가를 받아서 결산팀 업무와 채용 업무를 50:50으로 배분했다. 종종 일본인의 면담에도 참여하고 공식 면접관으로도 들어가면서 조금씩 활동 범위를 넓혀 갔다. 1년에 한 번씩 보고하는 인사고과의 업무 계획표에도 외국인 채용에 대한 계획과 목표가 큰 부분을 차지했다.

　채용에 관한 일을 하고 싶으면 채용팀에 지원하든지, 처음부터 인재 파견 회사에 들어가면 되지 않느냐고 말하는 사람들도 있다. 하지만, 외국인 채용 리크루터 활동은 내가 일본에서 취업을 경험했기에 외국인 취업준비생들의 고민을 이해하고, 여러 부서와 지점을 경험하면서 다양한 직무를 소개할 수 있기에 가능한 일이라고 생각한다. 지금은 채용 리크루터의 다음 단계로, 자사의 글로벌 인재 개발 업무를 지원할 계획도 가지고 있다.

에필로그

일본에서 일하고 있다고 하면, 당연히 해외 영업이나 통·번역을 할 것으로 생각하는 사람들이 많다. 때에 따라서 해외 거래처에 대한 대응이나 통역 요청을 받기도 하지만, 지금까지는 다양한 업무에서 일본인과 조금 다른 의견을 제시하거나, 변화를 꾀하는 역할을 해야 하는 경우가 많았다. 여러 부서에 걸쳐서 일하는 데에 익숙해진 나로서는, 종합직이라는 선택지가 있어서 다행이라는 생각이 든다. 외국인이라고 해도 각자의 적성이 있고, 누구나 해외 업무와 통·번역이 천직인 것은 아니니까.

취업 상담을 하다 보면 자기 자신만 업계와 직종을 고르지 못한 것 같아 괴로워하는 취업준비생들을 자주 만난다. 특정 업계와 직종에 대한 지식이 있고 뚜렷한 목표를 가지고 있다면 고민의 여지가 없겠지만, 나처럼 평범한 인문계 전공자나 목표가 명확하지 않은 사람에게는 업계 좁히기만큼 어려운 과제도 없다. 만약 나와 비슷한 고민을 하는 일본 취업준비생이 있다면, 종합직·일반직과 같은 포지션, 직장의 워크 스타일, 기업의 경영 이념 등 나만의 기준을 정해서 직장을 골라도 괜찮다고 이야기해 주고 싶다.

"일하기 편한 회사를 만나셨나 봐요"

"실패담은 없어요?"

블로그에 직장에서 인정받았던 에피소드를 공유하면서 들었던 이야기들이다. 그럴 리가 있겠는가. 고달픈 일도 많았다.

일본인 특유의 꼼꼼함에 피곤할 때도 있고, 자극제가 되라고 하던 때는 언제고 일본인과 똑같이 행동하기를 요구하는 몇몇 사람들 때문에 지칠 때도 있었다. 때로는 한국에 대해 배려 없이 말하는 고객 때문에 눈물을 찔끔 흘리기도 했다. 다만, 언젠가부터 괴로운 일은 잠시 접어 두고, 나 자신이 인정받은 일, 외국인이라 가능했던 일을 자주 꺼내 보며 곱씹는 습관이 생겼다. 그만큼 타지에서 일하며 살기 위해서는 나에 대한 자신감과 어느 정도의 뻔뻔함이 필요했던 것일지도 모르겠다.

나는 일본 취업 전도사도, 종합직 예찬론자도 아니다. 일본에서 찾은 목표를 향해 한 걸음씩 다가서는 재미에 빠져 있을 뿐이다. 현재의 직장보다 더 자유롭고 내가 할 수 있는 일이 가득한 환경이 시야에 들어온다면, 언제든지 지금의 자리를 박차고 나갈 수도 있다고 생각한다. 하지만 그 전까지는 지금 있는 위치에서, 내가 할 수 있는 일들에 주저하지 않고 도전해 볼 계획이다.

오늘도 나는 자유로운 직장인이 되기 위해서, 나만이 할 수 있는 일을 찾아 나선다.

일본에서 워킹맘으로 살아가기

류종미

"여러분, 왜 한국어 공부를 시작했어요?"

"빅뱅의 멤버가 좋아서요."

"엄마가 한국드라마를 너무 좋아해서 매일 보시는데 어쩌다 보니 저도 모르게 보게 되었고, 또 한국어에 관심이 생겨서 공부하게 되었어요."

일본에서 한국어 강사를 하면서 '욘사마 배용준'을 비롯한 한국의 연예인들에게 감사패를 주고 싶다고 몇 번이나 생각했다. 나는 홍콩의 주윤발, 장국영, 유덕화 등의 배우들을 좋아하면서 중국에 관심을 가지게 되었다. 중국어를 공부했고 중국으로 유학을 갔다. 유학 중 일본인 룸메이트를 통해 알게 된 배우

기무라 타쿠야가 좋아서 밤새우며 일본 드라마를 보았고, 일본에 호감을 느꼈다. 나처럼 많은 일본 사람들이 'K-POP'이 좋아서, 한국 드라마가 좋아서 한국어 공부를 하는 경우가 많았다.

일본에서의 첫발을 내딛다

중국에서 대학원에 진학, 그곳에서 일본인 남편을 만나 결혼해 일본에 정착하게 되었다. 남편의 직장 관계로 일본에서의 첫 거주지는 요코하마였다. 당시 우리는 중국어로 의사소통을 했고 내가 알고 있는 일본어는 아주 기초적인 문장과 간단한 단어 정도였다. 당연하지만 일본에서 생활하려면 일본어를 잘해야 했기에 2004년에 게이오 대학의 일본어 과정에 들어갔다.

같은 반에 중국인 학생이 많았는데 늘 자기들끼리 일본어를 누가 잘하나 경쟁하듯 공부하고 수업시간에도 열심히 손을 들고 발표하는 등 적극적이었다. 덕분에 나도 좋은 자극을 받아서 열심히 일본어를 공부할 수 있었다. 점점 집에서도 남편과 중국어가 아닌 일본어로 대화하기 시작했고 일상생활에서 쇼핑할 때에도 이것저것 많이 물어보며 실전 일본어 실력을 쌓았다.

2008년 요코하마에서 시모노세키로 이사했다. 시모노세키는 한국과 거리상 가깝기도 하고 역사상으로도 깊은 관계가 있

는 곳이다. 도로 표지판이 한글로 되어있는 곳도 있다. 시모노
세키는 거리에 걸어 다니는 사람이 거의 없고 대중교통을 이용
하기가 불편했다. 원래 살던 요코하마에서는 전철과 버스가 잘
되어 있어서 아이를 유모차에 태워 이동하기도 편했다.

하지만 이곳에서는 버스 운행도 한 시간에 한 대라 불편하
기가 이루 말할 수 없었다. 결국, 첫째가 유치원에 들어갔을 때
자동차 운전면허 학원에 등록했다. 자동차 학원의 가격이 자그
마치 삼십만 엔으로 한화 삼백만 원 정도였다. 학원비가 비싸서
부담스러웠지만, 운전면허를 딴 덕분에 나중에 일도 편하게 할
수 있었다.

한국어 강사 일을 시작하다

시모노세키에 이사 와서 알게 된 교수님의 추천으로 T 대학
에 이력서를 넣게 되었고, 2009년 4월부터 한국어 강사를 하게
되었다.

'어떻게 하면 학생들이 한국어 공부를 어렵게만 생각하지
않고 쉽게 다가설 수 있을까?'라는 고민을 많이 했다. 한국어에
관련된 책뿐만 아니라 한국의 문화와 역사에 관련된 책도 읽고,
뉴스와 연예계 소식 체크까지 해가며 열심히 수업을 준비했다.

수업 준비는 늘 아이들을 재운 후에 해서 새벽 3, 4시에 일하기도 했다.

처음 수업을 맡은 학년은 1학년이었다. 당시 드라마 〈겨울연가〉와 배용준이 일으킨 한류 붐이 점차 커져서 드라마, K-POP을 좋아하는 학생들이 내 수업을 많이 선택했다. 드라마나 노래 등 한국 문화와 한국어에 친숙해 있던 일부 학생들은 의욕적으로 한국어를 배웠고 실력도 빠르게 늘었다. 하지만 학생 대부분은 수업에 소극적이었다. 누군가를 지목하며 본문의 문장을 읽어보라고 하거나 질문에 대답하라고 해야 말을 했다. 처음에는 다들 무표정하게 앉아있어서 잘 이해했는지 알 수가 없어서 힘들었다. 내 수업이 재미가 없어서 반응이 없나 하는 생각에 수업을 준비하면서 고민도 많았다.

나중에 알게 되었는데 일본인들은 남들 앞에 너무 나서는 것을 좋지 않게 생각한다. 그렇다 보니 답을 알아도 대답을 하지 않았다. 그래서 학생들에게 "오늘은 읽기 연습이나 문장 연습을 많이 시킬 거예요" "틀려도 괜찮으니 큰소리로 해 보세요"라고 말해주며 수업에 더 많이 참여하도록 유도했다. 이 방법은 꽤 효과가 있어서 학생들이 전보다 더 수업에 흥미를 느끼고 잘 따라왔다. 수업으로 학생들과 만나는 시간은 무척 즐거웠고 보람도 많이 느꼈다.

한류 K-POP의 도움으로

수업 시간에 소극적인 학생들도 한류에 관한 내용으로 수업을 하면 문장도 곧잘 만들고, 발표에도 적극적이었다. 또 그들이 좋아하는 한국 연예인에 내가 관심을 가지고 얘기하면 수업 시간에 조금 더 적극적으로 발표하기도 했다.

대학 시간강사를 하면서 일주일에 한 번은 유네스코협회에서 의뢰를 받아 사회인을 대상으로 한국어를 가르쳤는데 대부분 나이가 55세 이상인 여자분이었고 이미 몇 년 전부터 한국어를 공부하고 있었다. 한국 드라마에 대한 열정이 대단해서 그들과 공감하기 위해 드라마를 따로 찾아서 봐야 할 정도였다. 언제나 내게 재미있는 한국드라마 정보를 주었고 한국어 공부도 열심히 했다. 입시를 준비하는 학생처럼 책에 나오는 단어와 문장을 노트에 빽빽하게 써 오는 열정을 보였다. 대부분 직장에 다니거나 파트타임으로 일을 하는데도 숙제까지 꼭 해 와 존경스러울 정도였다. 일본인들이 뭔가 시작하면 끝까지, 열심히, 꾸준하게 한다는 사실을 직접 눈으로 확인할 수 있었다.

K-POP의 영향으로 학교에서 열린 한국 소개 이벤트에서 1일 한국어 교실을 담당하게 되었다. 'K-POP과 함께하는 간단한 한국어'라는 주제의 수업이었는데 참가자가 꽤 많았다.

수업이 끝나고 유학생들과 준비한 재료로 김밥과 떡볶이를 만들어 참가자들에게 나눠주었다.

"저기, 이거 얼마예요?"

"네? 이거 무료인데요."

공짜에 익숙지 않은 일본인 참가자들이 가격을 묻는 작은 해프닝으로 같이 웃기도 했다. 나중에 음식 재료가 동이 날 정도로 인기가 많았다. 이 이벤트의 성공으로 학교에서 하는 '한국의 음식 문화'라는 강좌의 한 부분을 맡게 되었다. 강좌는 일반인 대상이었지만, 한국에 관심이 많고 관련 지식이 많은 분이 참가했기에 책과 자료를 찾아보며 열심히 수업 준비를 했다.

K-POP의 영향으로 여러 가지 재미있는 경험을 많이 했다. 시간강사는 수강생이 없으면 강의가 폐강 혹은 축소되는데, 내가 일을 하던 때는 K-POP 열풍으로 수업시간이 늘어났다. 내가 아는 중국어 시간강사는 수강생이 줄어서 수업이 폐강되었다. 그때 당시 일본과 중국이 정치적 이슈로 사이가 별로 좋지 않았는데 학교에서의 외국어 교육이 정치의 영향을 받는다는 현실이 좀 씁쓸했다.

새로운 일에 도전하다

한국어 강사로 일하던 중, 학교에 관련된 문서를 번역해 달라는 제안을 받았다. 학교에서 정식으로 유학생 모집을 시작했는데, 관련 업무가 나에게 오게 된 것이었다. 시간에 맞춰 작업을 끝내느라 밤을 새우기도 했지만, 번역은 원래 해보고 싶었던 일이었기에 최선을 다했다. 실제 해보니 일본어만 잘해서는 안되고 모국어, 즉 한국어 실력이 좋아야 질 좋은 번역이 가능했다. 일하면서 한국어책을 많이 읽고 공부해야 함을 절실히 깨달았다.

일을 시작한 그다음 해부터 유학생들이 대학에 왔다. 한국인이 꽤 많았는데, 학기가 시작되고 얼마 후 한국 유학생이 학교에 적응을 못하는 일이 생겼다. 학교 측에서 나에게 그 학생들과의 카운슬링을 부탁했다. 시모노세키는 차가 없으면 생활하기 힘들고 한국에서처럼 문화생활을 누리려면 전철을 타고 기타큐슈나 후쿠오카까지 가야 하는데 교통비도 비싸다. 또한 한국 대학가와 다르게 학교 앞에 친구들과 어울릴 수 있는 마땅한 문화 시설도 없다. 있다면 음식점과 이자카야 몇 곳이 있을 뿐이다. 학교 기숙사의 쳇바퀴 같은 생활과 선택한 전공에 대한 회의, 속을 잘 보여주지 않는 일본인 클래스메이트 등이 한국인 유학생을 힘들게 했던 것 같다.

안타깝게도 내가 할 수 있는 일은 학생의 고민을 듣고 담당 교수님에게 이야기를 전달해주는 것뿐이었다. 중국에 있을 때 가끔 향수병에 걸린 적이 있기에 학생들의 마음이 이해가 갔다. 시간이 될 때는 학생들을 집으로 초대해 한국 음식을 같이 만들어 먹으며, 그들이 조금이라도 편안해지기를 바랐다.

학교의 번역일 뿐만 아니라 통역도 가끔 하곤 했다. 한 번은 입국관리국에서 금괴 불법 반입으로 구속된 사람의 통역을 하게 되었다. 구치소까지 가서 통역했는데 내 통역 때문에 문제가 되면 안 된다는 부담감과 구치소 안의 조용한 분위기에 압도되어 너무 긴장한 나머지 일이 끝났을 때 손에 땀에 나 있기도 했다.

또 한 번은 강의하는 학교의 한 연구회에서 한국에 있는 대학에서 심포지엄을 한다며 2박 3일 동반통역을 부탁해왔다. 발표자는 세 명의 교수였고 시모노세키에서 유명한 복어 등 수산업에 관한 내용이었다. 미리 원고를 받아서 발표 내용은 대략 알았지만 수산업에 대해 지식이 전혀 없어서 걱정되었다.

심포지엄 당일, 일본 교수님들 옆에서 동시통역을 했다. 한 교수님은 미리 주신 원고 이외에도 보충 자료를 더 가져와서 발표하셨는데 다른 두 교수님이 동시통역해주는 나를 위해 조금

천천히 발표하신 것과 달리 발표에 집중하셨는지 아주 빠른 어조로 발표를 했다. 사전에 나름대로 준비를 했다고 했지만 발표 내용 중 통역을 못 한 부분이 많아 당황해서 얼굴이 벌게졌을 정도였다. 발표가 끝난 뒤 열린 좌담회도 전문용어가 많아 힘들긴 했지만 최선을 다해 통역했다.

심포지엄이 끝나고 제대로 통역을 못 해 교수님께 죄송하다고 했더니 다른 교수님들은 말을 너무 빨리해서 통역하는 사람을 배려하지 않았다고 그 교수님을 질책하시며 도리어 나를 위로해 주셨다. 교수님도 자기가 예정에 없는 자료를 가져와 발표했다며 몇 번이고 미안하다고 말씀하셨다. 심포지엄이 끝난 후에도 수산시장 등 이곳저곳을 다니며 통역 업무를 했다. 이렇게 2박 3일 동반 통역을 마치고 집으로 돌아오니 체중이 2kg이나 빠져있었다. 통역의 전문성에 대하여 몸소 깨닫게 된 좋은 경험이었다.

일본에서 워킹맘으로 산다는 것

아이를 키우면서 일하기는 어느 나라에서나 쉽지 않지만, 타국이기에 더 힘들게 느껴졌다. 시간 강사를 시작했을 때 첫째가 만 5살, 둘째가 만 3살이었다. 일본에서는 만 4살부터 유치원에 다닐 수 있어서 첫째는 유치원에 보냈지만 둘째가 걱정이었다. 일할 때 딱히 맡길 곳이 없었기 때문이다. 하지만 다행히 시간당 700엔 하는 작은 탁아소를 알게 되어 일이 있을 때만 그곳에 아이를 맡겼다.

일본에서 맞벌이하는 부모는 대부분 아이를 보육원에 보낸다. 도쿄 같은 대도시는 임신했을 때부터 보육원을 미리 찾아놓아야 할 정도로 들어가기가 어렵다. 보육원을 찾는 준비과정 '호가츠保活'라고 한다. 2년 전인 2016년 2월, 일본의 한 워킹맘이 당장 직장을 그만두게 생겼다며 "보육원 떨어졌다. 일본 죽어라! 보육원을 늘리지 않으려면 아동수당 20만 엔을 달라"는 글을 인터넷에 올렸다. 아베 신조安倍晋三 총리는 대수롭지 않게 넘기려다 엄청난 비난을 받았고 아베 정권은 보육시설 대기 아동 문제와 보육교사 급여 문제에 대한 대책 마련에 돌입했으며 자민당은 인터넷 여론 전담 부서까지 신설했다.

지역별 차이는 있지만, 후생노동성에서 2017년 4월 발표한 바로는 보육원의 수요와 공급이 맞지 않아서 보육원에 들어가지 못한 대기 아동수가 전국 2만 6,081명이라고 한다. 보육원에 아이를 넣지 못한 여성 중에는 퇴사하는 사람도 있다.

시모노세키에 이사했을 때 주위에 아는 사람이 없었다. 첫째를 보육원에 보내면 친구가 생기지 않을까 싶어 보육원을 알아봤지만 내가 직장에 다니지 않는다는 이유로 거절을 당했다. 결국, 유치원에 보내게 되었는데, 유치원은 엄마 손이 많이 갔다. 가방은 정해진 사이즈가 있어서 손수 바느질을 해 만들어줘야 했고 도시락도 매일 싸야 했다. 행사도 많고 엄마가 해야 하는 일도 많았다. 이런 상황이 내겐 힘들었지만, 주위의 일본 엄마들은 힘든 내색 없이 자기가 맡은 일을 묵묵히 했다.

첫째가 초등학교에 입학한 후에는 유치원 때 보다 갈 일이 적어서 편했다. 지역마다 운영체제가 다르지만 일하는 부모를 위해 미리 신청하면 학기 중 방과 후는 물론 방학 때도 별도로 아이를 맡아주는 방과 후 교실이 있다. 시모노세키에서는 학교에서 별도로 방과 후 교실을 운영했다.

일본도 한국과 마찬가지로 엄마가 밖에서 일하면 친정과 시댁의 도움 없이는 힘든 것 같다. 일본은 어렸을 때부터 다른 사람에게 폐를 끼치지 않도록 교육받기 때문인지 엄마들이 아이들 다른 집에 잘 맡기지 않는다. 하지만 나는 주위 분들의 도움을 많이 받았다. 특히 친하게 지내던 사카다 상의 도움이 컸다.

일본사람은 미리 약속되지 않은 일을 불편해하는데 내가 갑자기 아이들을 부탁해도 흔쾌히 받아주셨다. 아이들 시선에 맞춰 놀아주고 대해주는 사카다 상을 아이들도 좋아해서 안심하고 맡길 수 있었다. 보통의 일본사람들과 다르게 언제나 열린 마음으로 상대를 대했고 갑자기 전화해서 뭔가 부탁을 하기도 했었다. 시모노세키에서 아이들이 어릴 때 사카다 상을 만나 이웃사촌으로 지낼 수 있어서 큰 행운이었다.

워킹맘으로 살아가며 겪는 또 하나의 큰 문제는 바로 아이가 아플 때다. 워킹맘이라면 누구나 공감하겠지만 갑자기 열이 나거나 아파서 유치원이나 학교에 갈 수 없을 때 참 난감하다. 이럴 때 일본에서는 '병아보육소病児保育所'를 이용한다. 아픈 아이들을 맡아주는 보육소인데 시모노세키에 살 때는 집 근처 소아과에서 같이 운영했다. 의사의 진찰에 따른 소견서가 있으면 이곳에 아이를 맡길 수 있다.

한 번은 아픈 둘째를 보육소에 맡기고 출근했는데 수업 중에 학교 직원이 와서 소아과에서 아들이 많이 아프다고 연락이 왔다는 것이다.

"여보세요? 병원이죠? 전 류라고 하는데…"

"류상이에요? 아드님이 열이 심하고 경련까지 일으키니까 지금 빨리 병원으로 오는 게 좋겠어요."

"정말인가요? 그런데 선생님 지금 수업이 조금 남아있으니 끝내고 가겠습니다. 조금만 기다려주세요."

일본에 살면서 사적인 일로 남에게 폐를 끼치면 안 된다는 습성이 알게 모르게 몸에 배어서인지 수업을 끝내고 가겠다고

아이를 부탁했다. 수업이 끝난 후 허둥지둥 병원에 갔더니 구급차가 와 있었다. 의사 선생님이 나를 보고는

"아이가 열이 너무 심하고 몇 번이나 경련을 일으켜 열 때문에 뇌에 문제가 생겼을지 몰라 구급차를 불렀어요. 얼른 같이 가보세요."

너무나 불안했지만, 뇌 검사 결과 다행히 큰 문제는 없었다. 하지만 고열이 계속되고 천식이 심해져 며칠 입원해야 했다. 퇴원 후 내가 없을 때 아이를 걱정해 구급차를 불러주신 것에 감사 인사를 드리러 갔더니 당연한 일이라며 오히려 아이의 안부를 물으셨다. 이후에 폐렴으로 병원에 입원했을 때에도 선생님은 둘째를 많이 걱정해주셨다.

시모노세키에서 2014년 지바 현으로 이사를 오기 전까지 5년간 일했다. 들어오는 일은 마다하지 않고 열심히 했다. 그렇게 일을 하려고 했던 것은 외국인, 엄마, 아내라는 이름이 아니라 '나'로서 살고 싶어서였다. 결혼하면 남편 성을 따르는 일본의 풍습은 다른 사람들은 어떨지 몰라도 나에게는 내가 없어지는 느낌이었다. 나는 내 이름을 사용할 수 있는 일자리가 좋았다. 그래서 일이 생길 때마다 최선을 다했던 것 같다.

에필로그

    지바로 이사 후 태어난 셋째가 올해 4월부터 유치원에 간다. 4년 동안 일을 쉬었고 지금은 재취업을 생각하고 있다. 중학교에 입학하는 첫째, 유치원에 들어가는 막내처럼 새로운 세계를 꿈꾼다. 아직 구체적으로 정해진 바는 없지만 전에 했던 한국어 강사와 통·번역에 다시 도전해 보려고 한다. 일을 쉰 공백기와 46살이라는 나이가 있어서 주춤거리게 되지만 서두르지 않고 관련 서적들을 보며 공부하고 있다. 다시 내 이름으로 일 할 수 있다고 생각하니 나도 모르게 가슴이 설렌다. 일하는 엄마이기에 행복하다.

일본인 동료와 친구가 될 수 있을까?

나무

한국 건강증진개발원이 2016년에 조사한 결과에 따르면 한국 직장인의 75% 정도가 직장에서 스트레스를 느낀다고 한다. 구인·구직 업체인 잡코리아 조사에서는 무려 95.2%가 스트레스를 받는다고 답하기도 했다. 스트레스의 이유 1위는 '상사, 동료와의 관계'였다. 인재관리 기업인 맨파워그룹 조사에 따르면 일본 직장인도 75% 정도가 스트레스를 느끼고 가장 큰 이유는 '상사와의 관계'라고 한다. 한국, 일본 모두 직장에서의 가장 고민은 '인간관계'로 보인다.

회사에서 왜 사적인 일을 상담해?

2015년부터 일본 기업은 1년에 한 번씩 직원의 '스트레스 체크'를 하도록 의무화되어있다. 보통 60개 이상의 질문에 체크를 하는 방식인데 동료와의 관계, 심리적인 상태, 자기만족도 등 다양한 내용이 담겨 있다. 내가 다니는 회사에서도 전 사원을 대상으로 정기적으로 스트레스 체크를 한다. 작년에도 변함없이 사내 네트워크를 통해 스트레스 체크를 했는데 여기에 '개인적인 고민에 대해 상담할 수 있는 상사나 동료가 있는가?'라는 질문이 있었다. 일본에서 직장을 다니고 있는 나에게 직장 동료는 일본인이다. 평소 일하면서 이런저런 이야기를 나누는 옆자리 일본인 동료와 나는 이 질문에서 멈칫했다.

나 : 이 질문 좀 이상하지 않아?

동료 : 그러게. 회사에서 사적인 상담을 하는 사람이 있나?

나 : 상사한테 개인적인 상담을 하면 황당해할 텐데

동료 : 오히려 인사고과 점수가 깎일지도 몰라.

일본인인 그도, 이제 어느 정도 일본 생활에 익숙해진 나도 "회사 사람한테 개인적인 일을 왜 상담해?"라고 생각했다. 한국에서는 직장 동료와 친해지면 아이 교육, 돈 관리, 이사 걱정 등 개인적인 이야기를 하는 것이 특이한 일도 아니고 회사 사람을 불러 집들이도 한다. 하지만 회사 밖의 개인적인 생활에 대해서는 서로 묻지 않고 쉽게 말하지도 않는 일본에서 '직장에서 사적인 고민 상담'이란 항목은 현실성이 없어서 조금 황당한 기분이 드는 질문이었다.

사내에서 한 달에 몇 번 점심 식사를 같이하는 여자 동료가 있다. 매번 인사만 하다가 함께 식사하기 시작한 지 1년여가 지났어도 내가 알고 있는 그녀의 사생활이란 결혼을 했다는 것, 얼마 전에 함께 사는 친정어머니의 손목이 부러져 여행을 취소했다는 것이 전부다. 서로 만나면 매우 반가워하고 관계가 껄끄러운 것도 아니다. 회사 사람인만큼 회사 이야기를 하고 그냥 살아가는 주변 이야기를 하며 점심시간 내내 웃고 떠든다. 서로의 사생활에 대해 모르는 것이 이상하지도 않고 불편하지 않다.

일본인도 물론 회사 사람과 친한 친구가 될 수 있다. 하지만 한국보다 서로 개인적인 이야기를 하기까지 꽤 시간이 걸린다. 상대방에 대한 과도한 호기심, 직설적인 질문보다는 서로 익숙해져서 자연스럽게 이야기 나누게 될 때까지 '기다리는 마음'이 필요하다. 이러한 기다림과 조심스러움이 처음에는 어색할 수 있다. 하지만 익숙해지면 실례되는 질문에 서로 기분 상하는 일도 없고 속도는 느리지만 진지하게 사람을 사귈 수 있어 좋다.

가끔은 퇴근길에 "술 한잔할래?"라는 말이 그리워진다

한국 직장인들이 직장에서 스트레스를 받는 또 하나의 이유로는 '회사에서의 술자리 참석'이 있다. 요즘은 기업 문화가 많이 바뀌었고 특히 대기업은 외국인 사원도 늘어나면서 회식을 많이 줄이고 있지만 여전히 한국 직장인에게 술자리는 빼놓을 수 없는 부담 중 하나다. 가고 싶지 않지만 원만한 직장 생활을 위해 한숨을 쉬면서도 따라가게 되는 회사 회식. 술, 회식 없는 직장 생활을 원한다고 다들 말한다.

많은 사람이 말하는 것처럼 회사에서의 술자리는 스트레스가 되기도 하지만 간혹 마음이 통하는 동료와 업무 스트레스, 고민을 이야기하며 마시는 술 한 잔이 즐거울 때도 있다. 한국 직장인 대상 조사에서도 스트레스 해소 방법 1위는 '음주'다. 친구와의 술자리도 좋지만, 자신의 업무, 사내 생활에 대해 잘 알고 있는 동료와 함께 술을 마시면 굳이 애써서 상황을 설명하지 않아도 돼서 편하다.

일본 직장에서는 아무런 이유도 없이 하는 회식, 당일 날 갑자기 생기는 회식은 거의 없다. 회식을 하더라도 몇 번씩 참가

여부를 확인하고 장소와 시간을 논의한다. 한국에서는 '제발 없어졌으면…' 하고 바라던 것이 갑작스러운 회사 회식이었는데 지금은 그런 기회조차 없다. 싫었던 일도 완전히 없어지면 아쉬워하는 사람의 간사한 마음 때문일까? 피곤이 몰려오는 금요일 퇴근 시간, 친한 동료와 실컷 회사와 상사 흉을 보며 웃던 시간과 "한잔하고 갈래?"라고 말하던 옛 동료가 그리워진다.

일본에서는 대부분 혼자 점심을 먹는다. 그러다 보니 동료와 점심을 같이 먹으려면 서로 일정을 확인하고 날짜를 미리 정한다. 바로 오늘 가자고 말하는 경우 거의 없다. "○○요일은 어때요?", "장소는 ○○가 어때요?" 등 몇 번씩 묻는다. 상대에 대한 배려를 가장 중요시하는 일본 사람들은 본인이 '어디로 가자'고 먼저 말하는 일도 거의 없다. 상대방의 의견을 여러 번 묻는다. 점심 먹으러 나가다가 우연히 만나도 같이 식사가 가능한 한국의 직장 문화와는 아주 다르다.

배려와 조심성, 약간의 거리감이 마음에 들어서 일본 생활에 매우 만족하며 지내는 나조차도 아주 가끔은 밥 한번, 술 한번 먹기 위해 몇 번씩 의견을 묻고 또 묻는 과정이 답답하게 느껴질 때가 있다.

물론, 개인에 따라 상황은 다르다

일본은 회사에서 사적인 이야기를 하지 않는 것이 일반적이지만 모두가 그렇지는 않다. 1년 넘게 같이 점심을 먹으면서도 둘 다 사적인 이야기는 거의 나누지 않는 동료가 있는가 하면 서로 알게 된 지 얼마 되지 않았지만 뭐든지 편하게 말하고 수다를 떨 수 있는 동료도 있다.

회사 자료실에 근무하는 그녀는 나보다 10살쯤 많은 회사 선배이다. 일본에서는 나이에 상관없이 친해지면 친구라고 부른다. 그녀는 나의 친구이다. 책을 좋아해서 틈만 나면 회사 자료실에 들러 책을 빌리곤 했는데 책 대출을 담당하는 그녀는 만난 지 얼마 되지 않아서부터 편한 수다 상대가 되었다.

회사에 대한 불만, 자기가 기르는 강아지, 친구처럼 지내는 20대 아들, 나이가 드니 어리광을 부리듯 자꾸만 자기를 부른다는 부모님 이야기까지 자연스럽게 꺼내 놓는다. 나도 그녀에게는 내 속 이야기를 털어놓으며 투덜거린다. 일주일에 한두 번 점심 식사를 같이하는데 이 친구와는 굳이 며칠 전부터 날짜를 정하지 않는다. 지나가다가 "오늘 점심 어때?"하고 묻고 그 자리에서 정한다.

그녀 말고도 회사에서 만났지만 지금은 스마트폰 메신저에 그룹 채팅 방을 만들어 놓고 수시로 연락을 하는 사람들도 있다. 나를 포함해 총 네 명이 모이게 된 것은 나의 다소 '일본답지 않은' 제안 때문이었다. 네 명 중 두 명은 회사를 퇴사하고 다른 곳으로 갔는데, 그중 한 명이 회사를 그만둘 때 "그만두기 전에 송별회 해요"라고 내가 불쑥 말을 꺼낸 것이 모임의 시작이었다. 퇴사한 사람은 나처럼 책을 좋아해서 회사 자료실에서 만날 때마다 나에게 책을 추천해주곤 했다. 나머지 두 명은 사내 카페에서 우연히 만나 몇 번 같이 차를 마신 적이 있는 정도의 친분이었다.

한국에서는 누가 퇴사한다고 하면 그렇게 친하지 않아도 "그만두기 전에 같이 한잔해야죠"라고 가볍게 말을 건네지만, 이곳에서는 정말 친한 사이가 아닌 이상 개인적으로 송별회를 하는 일은 거의 없다. 나도 성격상 누군가에게 뭔가를 먼저 제안하는 일이 많지 않다. 그때는 종종 이야기를 나누던 사람이 회사를 그만둔다고 하니 왠지 서운한 마음에 나도 모르게 훅 모두에게 송별회 이야기를 꺼냈다.

나중에 모여 보니 세 사람 모두 회사에 10년 이상 다녔지만 같이 술을 마셔본 적이 없었고 내가 불쑥 같이 모이자고 해서 조금 당황스러웠다고 털어놨다. 다소 엉뚱했던 나의 제안이 좋은 계기가 되어 지금은 메신저를 통해, 가끔은 직접 만나서 이런저런 이야기를 나누는 친구 사이가 되었다.

내가 그들과 다른 것은 당연한 일

외국에서 살다 보면 자신이 만난 일부의 사람, 한정된 경험을 일반화해서 '일본 사람은 ~하다', '일본은 ~하다'라고 쉽게 말하는 사람을 본다. 예전에 함께 일했던 한국인 친구는 출근 전철에서 이유도 없이 밀고 짜증 내는 사람이 있었다며 "일본 사람은 이상해"라고 투덜거렸다. 하지만 그 친구는 그 날 운이 안 좋아서 무례한 '사람'을 만났을 뿐, '일본인'이 무례한 것은 아니다.

자신의 좁은 생활 범위 내에서 경험한 일부 사람만을 보고 쉽게 말하고 판단하는 습관은 외국에서의 생활을 굉장히 힘들게 한다. 단편적인 모습만 보고 모두가 그렇다고 단정 지으면 그 안에 있는 다름을 발견하고 인정하기 어렵고, 좋은 사람을 만날 기회도 잃게 된다. 스스로 그들과 자신 사이에 벽을 쌓아 외로워진다. 나는 이곳에서 생활하다 한국과 문화가 달라 조금 당황스러운 경험을 하게 되더라도 '아, 이런 부분도 있구나' 하며 가볍게 받아들이고 마음에 담아 두지 않는다.

일본에 사는 한국인은 일본인과 태어난 나라, 자라온 환경이 다른 만큼 문화, 사고방식에서 조금 다른 부분이 있는 것이 당연하다. 나는 그것 때문에 이방인이라는 소외감을 느끼기보다는 상대의 문화를 이해하고 외국인으로서의 '다름'을 나만의 매력으로 살리고 싶다. 물론 이곳의 문화를 무시하고 자기만의 방식만을 고집해서 상대방을 불편하게 하면 모두 부담스럽다며 피하겠지만, 분위기와 상대방의 기분을 파악하는 센스만 있다면 일본인 동료도 충분히 좋은 친구가 될 수 있다.

한국이든 일본이든 나와 맞는 직장이 따로 있는 것처럼, 상대가 한국인이든 일본인이든 나와 맞는 친구는 반드시 있기 마련이다. 나는 오늘도 '일본인 사원'이 아닌 '나의 동료'들과 함께 일하고, '일본인'이 아닌 '나와 같은 직장인'들과 함께 만원 전철을 타고 집으로 향한다. 모두 흔들리는 전철 속에서 무슨 생각을 하고 있을까? 그들도 나처럼 여행사 광고를 보며 여름 휴가 계획을 세우고 있지는 않을까?

| 저자 소개 |

김성헌 |

도쿄, 5년 차

단지 일상을 느껴보고자 하던 일을 그만두고 도쿄로 훌쩍 떠났다. 1년간 워킹
홀리데이로 도쿄에서 생활하며 사진을 찍고 블로그에 글을 올렸다. 한국으로
돌아가서도 도쿄에서의 생활이 그리워 일본 IT 취업을 통해 도쿄로 돌아왔다.
금융, 물류, 건설, EC 사이트 등 일본 IT업계의 여러 개발 현장을 종횡무진 돌
아다니며 3년이라는 시간을 보냈다. 여전히 IT 일을 업으로 삼으며 아직 가보
지 못한 도쿄의 동네를 알아가고 있다. 자칭 도쿄 골목 덕후.

블로그 https://blog.naver.com/ksrozny2
인스타 https://www.instagram.com/ksrozny/
브런치 https://brunch.co.kr/@kinoyume

차주영 |

가나가와현 2년 + 사이타마현 4년 체류

대학 시절 워킹홀리데이로 간 일본에 푹 빠졌다. 일본 CBC 외어 비즈니스 전문
학교에서 공부했다. 유학 당시 여러 가지 아르바이트를 하며 일본사람들과 교
류했다. 졸업 후 도쿄에 있는 포워딩 물류 업체에서 해상수입과 소속으로 3년
간 통관업 근무 후 귀국. 현재는 고향인 부산에서 일본에서 만난 고등학교 동창
과 결혼 준비 중인 예비신부이다.

인스타그램: chajoooooooo

황세영 |

도쿄, 10개월 체류

초등학교 시절 보아의 노래로 일본어를 처음 접했다. 낯선 문자, 특이한 발음에 호기심을 가지고 취미처럼 놀이처럼 공부했다. 대학 시절 전과를 하면서 잠시 내려놓았다가 다시 일본어를 공부, 워킹 홀리데이로 일본에 갔다. 새로운 도전에 대한 어려움도 잠시, 도쿄에서 즐겁고 열정적인 시간을 보냈다. 현재 번역가라는 꿈을 향해 한 걸음씩 나아가고 있다.

블로그 https://blog.naver.com/mariyeong
인스타 mari_yeong
이메일 mariyeong@naver.com

시에 |

도쿄, 13년 체류

중국 동북부의 작은 도시, 옌지에서 태어난 중국인. 2003년, 고등학교를 졸업하고 일본에서 유학했다. 학교와 아르바이트, 회사 생활을 경험하며 소중하고 값진 20대를 보냈다. 일본으로 유학 온 한국인 남편을 만나 결혼, 일본에서 살다가 2016년부터 한국에 살고 있다. 새로운 이국땅에서 번역가와 작가라는 꿈을 가지고 나만의 방식으로 차근차근 미래를 준비하고 있다. 네이버 블로그 '시에의 중국어, 일본어일상'을 통해 중국어와 일본어 공부, 프리랜서 일상을 공유하고 있다.

블로그 https://blog.naver.com/cui8789

박현아 |

도쿄, 8개월 체류

국민대학교 졸업 후 직장을 다니다가 무작정 일본으로 떠났다. 어느 여름, 일본 자취방에서 문득 일본어 번역가가 되기로 결심, 분투 끝에 번역가로 정착하였다. 집과 카페에 틀어박혀 혼자 골똘히 생각하는 것을 좋아해 번역이 천직이라 생각하며 살고 있다. 언제나 여유 있는 삶을 추구하며 센스 있는 번역가가 되기 위해 노력 중이다. 저서로 『프리랜서 번역가 수업』, 『프리랜서 번역가 수업 실전편』, 『걸스 인 도쿄』(공저), 역서로 『기름 혁명』, 『강아지와 나의 10가지 약속』 등이 있다.

블로그 blog.naver.com/godivaesther

이미진 |

도쿄, 6년 체류

Tokyo community art school 자동차 디자인과 졸업. Nissan color design 인턴십. 일본에 거주하는 6년 동안 Little prime 과외방을 운영하며 학비와 생활비를 해결했다. 현재 한화금융네트워크 한화생명에서 교육담당자로 일하고 있다. 틈틈이 금융컨설턴트 및 자동차 디자인 직업체험 프로그램 강사로 아이들의 꿈을 키우는 일을 하고 있다. 일본에서 만난 자상한 남편과 30개월 된 개구쟁이 남자아이를 둔 하루하루 열심히 사는 워킹맘이다. 저서로 『돈 없이도 하는 재테크』(라온북 출판)이 있다.

블로그 latto80@naver.com

이소정 |

도쿄, 3년 체류

대학 시절 운명처럼 일본의 매력에 빠져 일본행을 결심, 사회생활을 도쿄의 IT 회사에서 시작했다. 일본에서 개발직과 사무직을 경험하고, 더 많은 기회를 잡고자 영어를 배우러 호주로 갔다. 한일 교류 업무를 맡으며 번역 세계에 발을 담그게 되었고, 어딘가에 얽매이지 않고 돌아다니는 것을 좋아해 현재는 일본어 번역을 주업으로 삼고 가끔 영어도 병행하며 프리랜서 번역가로 살고 있다. 인생의 다음 목적지는 어디일지 호시탐탐 떠날 궁리만 하는 여자 사람.

블로그 http://lsj2699.blog.me
이메일 nyangbee@gmail.com

이예은 |

도쿄, 3년차

어릴 때부터 미국, 우즈베키스탄, 독일, 홍콩 등지에서 다양한 문화를 경험하며 언어의 매력에 빠졌다. 대학 졸업 후 운 좋게 대기업에 입사했지만 직장인 우울증에 시달리다 3년 만에 사표를 내고 도쿄로 떠났다. 와세다대학에서 국제커뮤니케이션 석사 학위를 취득하고 번역기를 개발하는 스타트업에서 6개월째 근무 중. 번역 프로젝트 매니저 겸 번역가, 작가로서 다양한 생각을 전달하고 공유하는 데서 삶의 보람을 느낀다. 저서로 『다카마쓰를 만나러 갑니다』가 있다.

인스타그램 fromlyen
이메일 fromlyen@gmail.com
브런치 brunch.co.kr/@leeyeeun

신선아 |

도쿄, 6년차

중학교 시절, 처음으로 나눈 외국인과의 대화에서 아찔하고 설레는 감정을 느끼고 외국어를 좋아하게 되었다. 대학에서 일어일문학을 전공하고 도쿄로 취직. 세상 모든 것에 관여하는 IT에 매력을 느껴 IT 영업으로 근무하지만, 넓고 큰 세상보다 오늘 하루 내가 편히 쉴 수 있는 작은 집에 가치를 느끼고 집에 관련된 주택광고업계로 이직했다. 현재 1년 반째 고군분투하며 광고영업 일을 하고 있다. 여행, 사진과 기록을 좋아하여 여행과 일상, 그리고 빵 이야기를 블로그에 남기고 있다. 최근에는 한 달에 한두 번 빵집에서 일하며 제빵을 배우고 있다. 서른 살이 된 지금 어떤 미래가 기다리고 있을 지 여전히 물음표지만, 어떤 미래라도 즐겁고 행복하게 살아갈 수 있는 사람이 되는 것이 인생의 목표다.

블로그 https://aioqer.blog.me/
인스타 insta@sonaz.b
이메일 seunah26@gmail.com

오효정 |

센다이&나고야&도쿄, 11년차

한국에서 일본학을 전공하고 2008년 교환유학을 계기로 지금까지 일본에서 살고 있다. 2012년 일본인과 결혼해 주부 6년차. 한국어 강사 경력 7년. 최근 새로운 일을 시작하고자 이직했고, 처음 작가로서 집필에 도전하게 되었다. 현재는 도쿄에서 행정서사 보조로 근무 중이며 주로 귀화와 비자, 법인 설립 등의 업무를 담당하고 있다.

인스타그램 starrynight_hj5

김희진 |

도쿄, 1년차

초등학생 때부터 20대 후반인 지금까지 일본이 좋아서 틈만 나면 일본 여행을 다니고 일본어 통·번역, 일본 여행 에디터 등 일본과 관련된 일을 하며 살아왔다. 일본에 살며 직접 일본을 느껴보고 싶어 회사를 그만두고 워킹홀리데이로 도쿄에서 1년을 살았다. 1년으로는 일본에서의 사계절이 그리울 것 같아 조금만 더 일본을 걸어보기로 했다. 네이버 블로그 '소녀감성 순두부의 다락방'을 운영 중이며 일본 여행, 일본 드라마, 일본에서의 일상, 일본 정보 등을 공유하고 있다. 일본을 걸으며 사진을 찍고 글을 쓰며 일본에 대한 정보를 공유하는 것을 좋아한다. 앞으로도 가능한 좋아하는 일을 하면서 한 번뿐인 인생을 더 반짝반짝 빛내기 위해 노력할 것이다.

블로그 : https://yohhhhj.blog.me/
인스타그램 : sunduuuubu
메일 : jagaimo90@gmail.com
브런치 https://brunch.co.kr/@yohhhhj

모모 |

도쿄&기타큐슈, 9년차

1년 정도 일본에서 쉬어 가려다 10년째 정착 중인 이름만 회사원. 노래하고, 그림 그리고, 사진 찍고, 글 쓰고…. 아무튼 공부 말고는 다 좋아하는 심각한 다취미 증후군이 있다. 대학 시절, 좋아하는 모든 일을 다 접어두고 회사에 들어갔지만 금방 퇴사, 잘 할 수 있는 일을 찾기 위해서 일본 유학길에 올랐다. 일본에서 경영대학원에 다니며 한국어 강사, 지역 라디오 게스트, 통·번역, NPO 서포터 등을 경험했다. 돌연 일본 화학 회사에 취업, 5년째 부서를 가리지 않고 간섭하는 오지랖 종합직으로 근무하고 있다. 자사의 채용 리크루터로도 활동 중이며, 한국 블로그를 통해 일본 취업, 일본 대학원 진학 상담도 하고 있다.

블로그 : 모모노헤야 http://blog.naver.com/popsiclez
인스타그램 : https://www.instagram.com/momo5757/

류종미 |

요코하마&시모노세키&지바, 15년차

중국 유학 중 일본인 남편을 만나 일본에서 살게 되었다. 한국어 강사, 한국 요리교실 등을 하며 한국 문화를 알고 싶어 하는 일본사람들에게 문화전도사 역할을 하기도 했다. 지금은 잠시 가정을 위해 일을 쉬고 있지만 다시 '류종미'로서 새로운 삶을 살아갈 준비를 조금씩 해나가고 있다. 한 가족의 엄마로서 많은 엄마의 최고 관심사인 육아와 음식에 관심이 많다. 일본 엄마들과 육아 써클에서 육아에 대해 공유하며 아이들을 위한 활동도 하고, 일본 음식과 그릇을 좋아해 요리 공부도 하고 그릇도 수집하고 있다. 현재 남편과 아이 셋과 지바에서 알콩달콩 행복하게 하루하루를 보내고 있다.

이메일 kuranami6@naver.com

나무 |

도쿄, 9년차

일본행 비행기를 탈 때까지 일본어도, 일본에 대해서도 아는 것이 전혀 없었다. 갑작스럽게 일본행을 결정했고 일본에 처음 온 그날부터 여행이 아닌 일상생활을 시작했다. 그리고 4년 후, 히라가나밖에 몰랐던 내가 어느덧 일본어로 일을 하고 일본 사람들과 친구가 되어 하루하루를 보내고 있었다. 잠시 쉬고 가려던 일본에서의 생활이 길어지면서 '인생의 절반쯤은 낯선 곳에서 사는 것도 괜찮지 않을까'라는 생각을 하게 되었다. 예측할 수 없는 미래를 걱정하기보다는 '오늘'을 충실하게 즐기려 하고 있다. 매일 아침 회사에 나가 10개에 가까운 신문과 인터넷 매체, 잡지 등을 보며 기사를 체크하고 회사와 관련된 내용을 번역해 발송하는 일을 한다. 가끔은 개인적으로 통역을 나가 다양한 분야의 경험을 쌓고 있다. 아무리 공부를 해도 끊임없이 궁금한 것들이 생기는 일본어 공부도, 사람과 사람 사이를 연결해주는 통·번역 일도 즐겁다. 혼자만의 즐거움이었던 일본어 공부와 일본 생활에 관한 이야기들을 블로그에 소개하고 몇 권의 책을 내게 되었다. 앞으로도 인터넷과 책을 통해 사람들과 소통하며 함께 성장해 가고 싶다.

저서 : 일본어 교재 『손으로 쓰면서 외우는 JLPT』 시리즈, 에세이집 『한 번쯤 일본에서 살아봤으면』 (공저), 『걸스 인 도쿄』 (공저)

블로그 http//tanuki4noli.blog.me
이메일 tanuki4noli@naver.com

일본 아르바이트와 일본 취업 그리고 일본 직장인 라이프

일본에서 일하며 산다는 것

초판 1쇄 발행   2018년 6월 8일

초판 2쇄 발행   2019년 2월 8일

지 은 이   김성헌, 차주영, 황세영, 시에, 박현아, 이미진, 이소정, 신선아,

　　　　　이예은, 김희진, 모모, 오효정, 류종미, 나무

책 임 편 집   최수진

펴 낸 이   최수진

펴 낸 곳   세나북스

출판등록   2015년 2월 10일 제300-2015-10호

주　　소   서울시 종로구 통일로 18길 9

홈 페 이 지   http://blog.naver.com/banny74

이 메 일   banny74@naver.com

전 화 번 호   02-737-6290

팩　　스   02-6442-5438

I S B N   979-11-87316-25-1 03980 (종이책)

　　　　　979-11-87316-26-8 05980 (EPUB)